编委会

主　　编　朱筱佳　于晓平

编　　者（按姓氏笔画排序）

邓晓艳　王一鸣　王曦冉　龙泽旭　朱炽鑫
肖欣悦　张　露　张怡轩　周静雯　费艺帆
彭紫怡

摄影作者（按姓氏笔画排序）

于晓平　王小平　田宁朝　向定乾　李　飏
肖欣悦　吴宗凯　邱德伟　张英军　张　岩
周　勇　赵纳勋　费艺帆　臧晓博　廖小凤
廖小青

绘图作者　费艺帆

陕西师范大学优秀著作出版基金资助
国家自然科学基金项目资助（32270541）
陕西省2023中央财政林业草原项目资助

杏园飞羽

陕西师范大学校园鸟类

朱筱佳　于晓平　编著

陕西师范大学出版总社　西安

图书代号　ZZ24N1659

图书在版编目（CIP）数据

杏园飞羽 ： 陕西师范大学校园鸟类 / 朱筱佳，于晓平编著. -- 西安 ： 陕西师范大学出版总社有限公司，2024. 8. -- ISBN 978-7-5695-4569-2

Ⅰ. Q959.708-64

中国国家版本馆 CIP 数据核字第 2024RJ0583 号

杏园飞羽——陕西师范大学校园鸟类

XINGYUAN FEIYU SHAANXI SHIFAN DAXUE XIAOYUAN NIAOLEI

朱筱佳　于晓平　编著

责任编辑　王丽君

责任校对　庄婧卿

封面设计　王丽君　锦　册

装帧设计　王丽君

出版发行　陕西师范大学出版总社

（西安市长安南路 199 号　邮编 710062）

网　　址　http：//www.snupg.com

印　　刷　陕西龙山海天艺术印务有限公司

开　　本　889 mm×1194 mm　1/32

印　　张　8.75

字　　数　250 千

版　　次　2024 年 8 月第 1 版

印　　次　2024 年 8 月第 1 次印刷

书　　号　ISBN 978-7-5695-4569-2

定　　价　88.00 元

读者购书、书店添货或发现印刷装订问题，请与本公司营销部联系、调换。

电话：（029）85307864　85303629　传真：（029）85303879

谨以此书献给

陕西师范大学 80 周年校庆

前　言

FOREWORD

鸟类千姿百态，宛若精灵般存在于山光水色之间。当你聆听柴可夫斯基那摄人心魄的《天鹅湖》，当你吟诵唐代诗人王维的“漠漠水田飞白鹭，阴阴夏木啭黄鹂”之时，方能真正感悟造物主杰作之魅力。鸟类以其华丽之羽色、婉转之鸣唱和婀娜之体态激发了人类的艺术灵感，众多以鸟类为咏颂对象的音乐、诗词、绘画和舞蹈等伴随着人类文明之进程世代相传，经久不衰。不仅如此，在我国生态文明建设的大背景下，鸟类已然成为生态保护的象征。

古都西安，繁华喧嚣；陕西师范大学，绿树成荫、碧草萋萋、繁花似锦。雁塔校区古朴典雅、钟灵毓秀；长安校区现代开放、气势恢宏。两校区犹如两颗璀璨的明珠镶嵌于秦岭北麓与渭河谷地之间，良好的生态环境引来百鸟争鸣，知识的殿堂成为人与自然和谐共存的生态乐园。

晨雾朝露林中鸟，三月桃花沐春风。当清晨的第一缕阳光洒向大地，校园内莺啼燕语、春意盎然。从春天枝头引吭高歌的金翅雀，到夏季四处游荡啼鸣的大杜鹃；从秋季柿子树上啁啾不休的灰椋鸟，到冬季雪地上瑟缩啄食的麻雀，你能在不同季节遇到形态、习性各异的鸟类。作为校园生态系统不可或缺的群落组成，它们与师生共同生活、一起成长。

鸟类保护是每个公民的责任和义务，也是陕西师范大学校园文化的重要内容。学校积极倡导绿色环保理念，为鸟类提供舒适的栖身之所。多年来，生命科学学院（简称生科院）的爱鸟师生自觉行动，依托本院未来自然探索协会组织开展相关活动；参加“秦岭保护动物与当地居民和谐共生关系的科学考察”暑期实践；创立陕西师范大学公众号和鸟类乐园交流平台；开展校园观鸟大赛和校园鸟类救助与保护。

上述行动不仅营造了适宜鸟类生存的栖息环境，也为校园文化注入了关爱自然、尊重生命的温暖力量。躬耕学海、孜孜以求，当学子们怀揣梦想步入社会，这股暖流必将伴随着他们的脚步融入民族复兴的伟大历程中。

《杏园飞羽：陕西师范大学校园鸟类》凝聚了生科院教师、研究生和本科生数十年的辛勤付出。本书介绍了陕西师范大学雁塔、长安两校区的自然地理概况和鸟类的基本知识，记录学校内校园鸟类 15 目 40 科 123 种，其中不乏多种国家重点保护鸟类和迁徙季节才能邂逅的稀有种类。如在秦岭山地难以见到的棕腹大仙鹟竟然出现在雁塔校区；陕西省鸟类新纪录黑胸鸫也在长安校区被发现；甚至在高山区生活的灰头鸫也造访了我们在林下搭建的小水塘。日月如梭、沧海桑田，古都西安在城市化进程和气候变化的作用下发生了翻天覆地的变化，环境幽雅的校园实际上已成为城市生态系统的绿岛和各种鸟类的庇护所。《杏园飞羽：陕西师范大学校园鸟类》是关于校园鸟类的珍贵记录和探索之旅，它将携手读者共同寻求鸟类保护与校园文化之间的有机融合。本书的出版旨在向广大读者展示校园鸟类物种多样性和群落组成的变迁过程，传递保护自然、珍视生命的理念。通过精彩图文，读者将深入了解校园鸟类的形态特征、生活习性、分布状况和保护现状，鼓励更多人加入关爱鸟类、保护自然的行列。

陕西师范大学是教育部直属重点大学，国家首批“双一流”建设高校，被誉为“教师的摇篮”，为祖国建设输出了大批优秀人才，为中华民族伟大复兴作出了卓越贡献。光阴似箭、岁月如歌，陕西师范大学即将迎来建校 80 周年校庆，希望本书能为校庆典礼锦上添花。

本书得到了陕西师范大学优秀著作出版基金、国家自然科学基金和陕西省 2023 中央财政林业草原项目的资助，在此一并致谢。特别感谢田先华教授在校园环境调查中指导我们识别校园内的植物种类。此外，感谢本校生科院动物学、生态学的各位老师给予的鼎力支持，感谢在老师的带领下的生科院历届研究生和本科生参与本校鸟类调查，本书的成稿都离不开他们的功劳。

鸟类调查是长年累月、循序渐进的漫长过程，因而难免疏漏。本书在文本编撰、照片整理方面力求至臻至美，但水平有限，谬误之处难免，实乃心余力绌，诚冀海涵。

于晓平
2024 年 3 月于古城西安

目　录

CONTENTS

第一部分　概　述

校园概况 2

物种组成 5

区系构成 6

群落组成 6

鸟类多样性 7

鸟类观察术语 9

第二部分　分　述

鸡形目 Galliformes 24

雉科 Phasianidae 25

环颈雉 25

䴙䴘目 Podicipediformes 28

䴙䴘科 Podicipedidae 29

小䴙䴘 29

鸽形目 Columbiformes 31

鸠鸽科 Columbidae 32

山斑鸠 32

灰斑鸠 33

珠颈斑鸠 34

夜鹰目 Caprimulgiformes 36

雨燕科 Apodidae 37

白腰雨燕 37

普通雨燕 38

鹃形目 Cuculiformes 40

杜鹃科 Cuculidae 41

红翅凤头鹃 41

噪鹃 42

四声杜鹃 44

大杜鹃 45

鹤形目 Gruiformes 47

秧鸡科 Rallidae 48

普通秧鸡 48

鹈形目 Pelecaniformes 50

鹭科 Ardeidae 51

夜鹭 51

池鹭 54

苍鹭 56

大白鹭 58

鸻形目 Charadriformes 59

鸻科 Charadriidae 60

灰头麦鸡 60

鹬科 Scolopacidae 62

丘鹬 62

鸮形目 Strigiformes 64
鸱鸮科 Strigidae 65
斑头鸺鹠 65
纵纹腹小鸮 66
长耳鸮 68
短耳鸮 70
雕鸮 71
鹰形目 Accipitriformes 73
鹰科 Accipitridae 74
凤头鹰 74
雀鹰 75
白尾鹞 77
黑鸢 80
普通鵟 81
犀鸟目 Bucerotiformes 83
戴胜科 Upupidae 84
戴胜 84
佛法僧目 Coraciiformes 86
翠鸟科 Alcedinidae 87
普通翠鸟 87
冠鱼狗 88
啄木鸟目 Piciformes 90
啄木鸟科 Picidae 91
蚁䴕 91
斑姬啄木鸟 92
灰头绿啄木鸟 93
星头啄木鸟 96

棕腹啄木鸟 97
大斑啄木鸟 98

隼形目 Falconiformes 100
隼科 Falconidae 101
红隼 101
游隼 103

雀形目 Passeriformes 104
黄鹂科 Oriolidae 105
黑枕黄鹂 105
卷尾科 Dicruridae 107
发冠卷尾 107
伯劳科 Laniidae 109
红尾伯劳 109
棕背伯劳 111
灰背伯劳 114
楔尾伯劳 115
鸦科 Corvidae 117
松鸦 117
灰喜鹊 118
红嘴蓝鹊 120

喜鹊 120

秃鼻乌鸦 123

山雀科 Paridae 124

黄腹山雀 124

沼泽山雀 125

大山雀 126

绿背山雀 128

百灵科 Alaudidae 129

小云雀 129

云雀 130

凤头百灵 132

鳞胸鹪鹛科 Pnoepygidae 134

小鳞胸鹪鹛 134

燕科 Hirundinidae 136

家燕 136

金腰燕 138

鹎科 Pycnonotidae 139

领雀嘴鹎 139

黄臀鹎 140

白头鹎 141

柳莺科 Phylloscopidae 144

黄眉柳莺 144

黄腰柳莺 145

褐柳莺 146

暗绿柳莺 148

极北柳莺 149

冠纹柳莺 150

比氏鹟莺 151

黑眉柳莺 152

树莺科 Scotocercidae 154
棕脸鹟莺 154
远东树莺 155
强脚树莺 156
长尾山雀科 Aegithalidae 158
红头长尾山雀 158
鸦雀科 Paradoxornithidae 160
棕头鸦雀 160
绣眼鸟科 Zosteropidae 162
暗绿绣眼鸟 162
噪鹛科 Leiothrichidae 164
画眉 164
白颊噪鹛 165
红嘴相思鸟 167
䴓科 Sittidae 169
普通䴓 169
鹪鹩科 Troglodytidae 171
鹪鹩 171
椋鸟科 Sturnidae 173
八哥 173
丝光椋鸟 174
灰椋鸟 175
北椋鸟 177
鸫科 Turdidae 179
虎斑地鸫 179
灰背鸫 180
黑胸鸫 182
乌灰鸫 184
乌鸫 185

灰头鸫 187

白眉鸫 188

赤颈鸫 190

红尾斑鸫 192

斑鸫 193

宝兴歌鸫 195

鹟科 Muscicapidae 196

棕腹大仙鹟 196

蓝歌鸲 197

红喉歌鸲 199

红胁蓝尾鸲 201

紫啸鸫 203

白眉姬鹟 204

红喉姬鹟 205

黑喉红尾鸲 207

北红尾鸲 209

红尾水鸲 211

太平鸟科 Bombycillidae 213

小太平鸟 213

雀科 Passeridae 215

麻雀 215

鹡鸰科 Motacillidae 217

树鹨 217

田鹨 219

布氏鹨 220

灰鹡鸰 221

白鹡鸰 223

燕雀科 Fringillidae 226

燕雀 226

锡嘴雀 228
黑尾蜡嘴雀 230
黑头蜡嘴雀 232
黄雀 233
金翅雀 235
鹀科 Emberizidae 237
三道眉草鹀 237
黄喉鹀 238
小鹀 240

参考文献 242
附表　陕西师范大学校园鸟类名录 244

第一部分

概述

校园概况

陕西师范大学（简称陕师大）坐落于陕西省西安市，位于中国中部候鸟迁徙路线（东亚－澳大利亚迁徙路线）上。学校占地面积 2700 余亩，建有长安、雁塔两个校区（见下图）。长安校区从 2000 年开始建设，两校区建筑风格和校园环境各具特色。雁塔校区古朴典雅、钟灵毓秀。长安校区现代开放、气势恢宏。校园内建有多种人文景观环境，如校友林、畅志园、牡丹园、曲江流饮、昆明湖和不高山等。校园内植被类型多样，花草树木种类繁多，共有野生植物和栽培植物 51 科 117 种。此多样性丰富的植被环境，为鸟类提供了生态位差异显著的栖息生境及充足的食物。

校园植被分布，整体上主要采用本土树种，如构树、槐树、雪松、梧桐，常绿树种或落叶树种按列植或群植方式种植，乔、灌、藤、花、草合理配置，呈现出具有地域景观特征的植物群落和整体景观效果。校园景观多样性分布，遵循自然性、地域性、多样性、指示性、时间性和经济性原则，使校园既具有园林景观风貌，又为各类动物尤其是鸟类的繁衍、栖息和迁徙过境提供了充分的可能性，实现人与自然和谐发展。

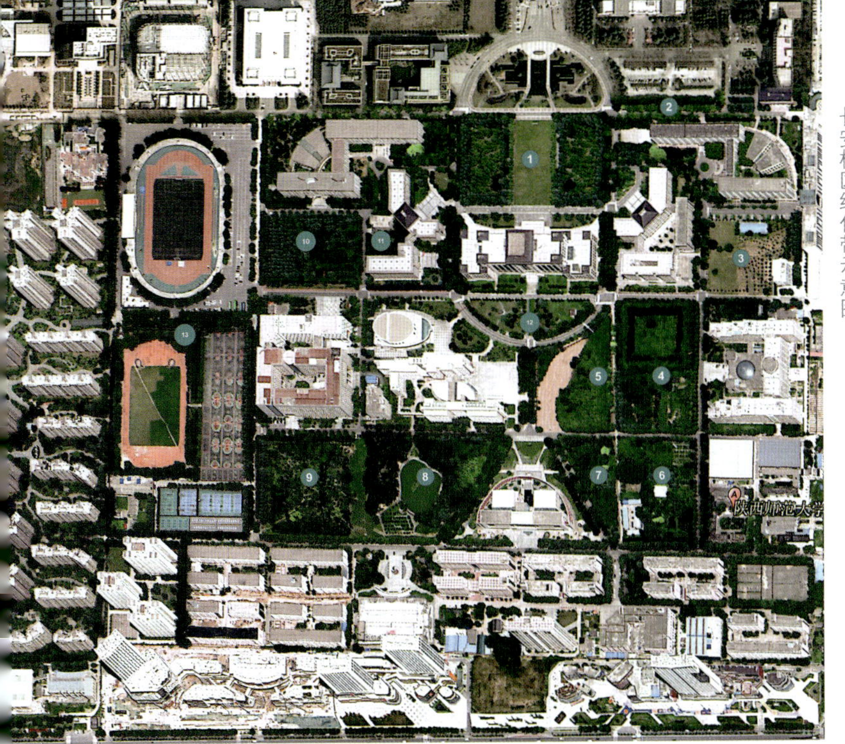

长安校区绿化带示意图

（底图来自：Google Earth Pro 7.3.6）

注：①校友林：以水杉为主，草坪两侧种植银杏；②校务楼南侧：列植雪松、法国梧桐、鹅掌楸等乔木；③上林南侧草坪：四周列植紫叶李、玉兰、女贞等乔木，草坪中央种有柳树；④格物楼西侧树林：以构树、女贞、樱花为主，兼种有雪松、樱树、女贞、龙柏等乔木；⑤六艺楼东侧草坪：春夏种植秋英等观赏植物；⑥溢香楼北侧树林：种有杜仲、栾树、构树、法国梧桐等乔木；⑦新勇活动中心东侧树林：以雪松、栾树为主的针阔混交林；⑧昆明湖：环湖种植银杏、毛白杨、泡桐、刺槐、垂柳等高大乔木，民族团结林种有大片石榴，北侧行道旁对植槭树；⑨不高山：乔木以华山松、栾树、胡桃、楸树为主，不高山下栽有桃树、碧桃等，林下灌木以迎春、连翘、紫丁香、紫荆、棣棠为主，草本以鸭茅、葎草、广布野豌豆、沿阶草为主；⑩体育学院南侧：雪松林；⑪田家炳会堂南侧：柿树林；⑫图书馆南侧草坪：行道树为圆柏、楝木、法国梧桐等，景观树有蜡梅、梅花等。

雁塔校区绿化带示意图（红框范围）

（底图来自：Google Earth Pro 7.3.6）

注：①曲江流饮：行道旁列植银杏、法国梧桐；②绿茵路：行道两侧对植银杏；③图书馆周边：种植玉兰、荷花玉兰、女贞、华山松等乔木，蜡梅、小叶黄杨、绣球等灌木；④教学六楼北侧：种植有棕榈、苦楝、梧桐、榆树等乔木；⑤崇鋈楼北侧：乔木以油松、女贞、三球悬铃木为主；林下种植小叶黄杨、牡丹等灌木及玉簪、沿阶草等草本植物；⑥畅志园：园内种植有紫藤、竹、泡桐；⑦教学四楼南侧：

道路两侧种有白蜡树、榆树、忍冬、梧桐等；⑧教学八楼周边：乔木以石楠、紫薇、荷花玉兰、玉兰为主；地面多种植红花酢浆草和白车轴草；⑨家属区。

物种组成

编者整理近20年在陕师大两校区内通过直接观察、红外相机拍摄、文献记录等方式记录两校区共有鸟类15目40科82属123种（见附表），其中雀形目25科51属84种，非雀形目15科31属39种，分别占比68.3%和31.7%。均属于国际自然保护联盟濒危物种红色名录（IUCN， Red List of Threatened Species）低危（LC）物种。包括国家Ⅱ级重点保护鸟类17种，占总鸟种数的13.8%，分属于6科14属，其中隼科2种：红隼（*Falco tinnunculus*）、游隼（*F. peregrinus*）；鹰科5种：凤头鹰（*Accipiter trivirgatus*）、雀鹰（*A. nisus*）、白尾鹞（*Circus cyaneus*）、黑鸢（*Milvus migrans*）和普通鵟（*Buteo japonicus*）；鸱鸮科5种：斑头鸺鹠（*Glaucidium cuculoides*）、纵纹腹小鸮（*Athene noctua*）、雕鸮（*Bubo bubo*）、长耳鸮（*Asio otus*）、短耳鸮（*A. flammeus*）；百灵科1种：云雀（*Alauda arvensis*）；噪鹛科2种：画眉（*Garrulax canorus*）、红嘴相思鸟（*Leiothrix lutea*）；鹟科2种：红喉歌鸲（*Calliope calliope*）、棕腹大仙鹟（*Niltava davidi*）。其余均属于国家保护有益的或有重要经济科学研究价值的陆生野生动物。

从鸟类的居留型来看，陕师大校园中以留鸟为主，有留鸟56种，夏候鸟34种，冬候鸟13种，旅鸟23种。留鸟占比45.5%，主要由鸦科、山雀科、鹎科、噪鹛科、鸠鸽科和啄木鸟科等种类组成；夏候鸟占比 27.6%，主要由伯劳科、燕科、柳莺科和杜鹃科等种类组成；冬候鸟占比 10.6%，主要由鸫科和鹰科等种类组成；旅鸟占比 18.7%，主要由燕雀科、鹟科和柳莺科部分种类组成。

区系构成

从鸟类的区系组成来看，陕师大共有繁殖鸟种 90 种，其中古北种 28 种，东洋种 39 种，广布种 23 种。陕西省西安市位于世界动物地理区系的古北界（I），中国陆生野生动物生态地理区划的华北区（I 2）西部的黄土高原亚区（I 2E）。以动物地理省的划分，其属于晋南－渭河－伏牛省（I 2Eb）渭河谷地生态地理单元（I 2Eb08）所属的生物地理省属于秦岭－伏牛山－淮河分界线，是古北界和东洋界动物区系的分野，也是对我国东部南北动物过渡带具有显著影响的区域。华北区腹部地区的南北方动物组分和分布达到基本平衡，以本区动物成分为主的华北型或季风区型比例最高。相比华北区的其他黄土高原亚区，本区域作为暖温带其气候特点包括年均温和年降水量均较低，但是地形起伏度和海拔明显高于黄淮平原亚区（I 2D）。I 2Eb 的范围包括山西南部、河南西北部和陕西中部，以侵蚀性山地和冲积平原地貌为主，海拔在 1200 m 以下，主要分布有林灌和农田动物群。其中渭河谷地，由渭河冲积而成，海拔多在 500 m 以下。主要植被为人工次生植被，以温带落叶灌丛为主。陕西省从北至南可划分为 11 个生态地理单元，陕西师范大学隶属于渭河谷地。

群落组成

鸟类与环境的关系非常密切，其对环境状况的变化高度敏感，鸟类的群落组成能在一定程度上反映该地区的气候特点、植被情况和环境质量等。陕师大地处秦岭北麓以北的关中平原中南部。雁塔校区位于市中心，周边主要为城市生境；长安校区位于城郊，周边主要为城市生境和农田生境，东南方向 1.2 km 处有“长安八水”之一的潏河自东向西汇入渭河一级支流沣河。雁塔校区内绿化面积大，覆盖率高，植被丰富，拥有流动水与小池塘，因此吸引了大量以鸣禽和攀禽为主的小型鸟类；长安校区部分绿化林植被茂密，郁闭度高，围有护栏，人为干扰少，且由于距离河流、农田和秦岭山地相对较近，因此人们常能在校园中发现城市生境中不常见的鸟类，如棕脸鹟莺、紫啸鸫和沼泽山雀等。由于两校区均池塘面积小、底部硬化，不适宜游禽、涉禽等鸟类栖息，因此这类鸟类记录偏少。按照生态类群划分，陕师大校园鸟类的组成详见表 1。

表 1 陕西师范大学鸟类群落组成

生态类群	目	科	属	种
陆禽	2/15（13.3%）	2/40（5.0%）	3/82（3.7%）	4/123（3.3%）
游禽	1/15（6.7%）	1/40（2.5%）	1/82（1.2%）	1/123（0.8%）
涉禽	3/15（20.0%）	4/40（10.0%）	6/82（7.3%）	7/123（5.7%）
猛禽	3/15（20.0%）	3/40（7.5%）	9/82（11.0%）	12/123（9.8%）
攀禽	5/15（33.3%）	5/40（12.5%）	12/82（14.6%）	15/123（12.2%）
鸣禽	1/15（6.7%）	25/40（62.5%）	51/82（62.2%）	84/123（68.3%）

鸟类多样性

2023 年 5 月至 2024 年 4 月对陕师大两校区的校园鸟类调查结果显示，长安校区鸟类的 Simpson（辛普森）多样性指数、Shannon-Wiener（香农 - 威纳）多样性指数及 Margalef（马格利夫）丰富度指数均高于同季节的雁塔校区，反映出长安校区拥有更丰富的鸟类资源；四季鸟类的 Pielou（皮鲁）均匀度指数均低于雁塔校区，两校区鸟类的 Pielou 均匀度指数表现出相似的季节波动趋势，均为由春季至冬季先增加后减小又增加。

两校区均为秋季的鸟类多样性指数最低（见下两图），结合校园鸟类居留型可知，校内夏候鸟种数远多于冬候鸟种数，秋季调查时夏候鸟已离开，冬候鸟还未迁来，且部分春季可见的旅鸟在秋季未被观察到，因此秋季鸟类多样性较低。

对各指数大小进行排列，雁塔校区四季鸟类 Simpson 多样性指数大小关系为：春季 > 夏季 > 冬季 > 秋季；Shannon-Wiener 多样性指数大小关系为：春季 > 冬季 > 夏季 > 秋季；Pielou 均匀度指数大小关系为：夏季 > 春季 > 冬季 > 秋季；Margalef 丰富度指数大小关系为：冬季 > 秋季 > 春季 > 夏季。长安校区四季 Simpson 多样性指数大小关系为：夏季≈冬季 > 春季 > 秋季；Shannon-Wiener 多样性指数大小关系为：夏季 > 冬季 > 春季 > 秋季；Pielou 均匀度指数大小关系为：夏季 > 冬季 > 春季 > 秋季；Margalef 丰富度指数大小关系为：春季 > 夏季 > 冬季 > 秋季。

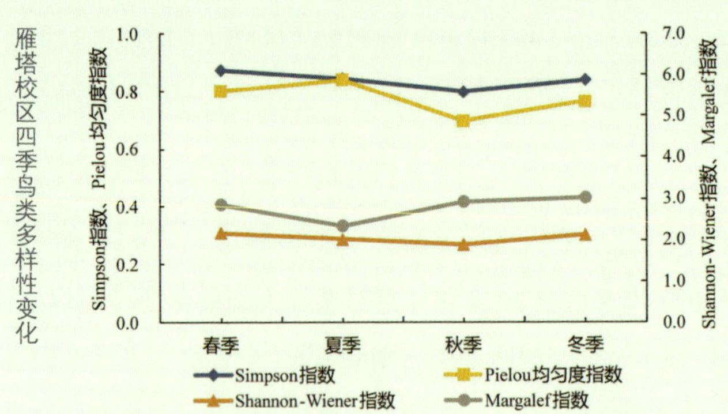

雁塔校区四季鸟类多样性变化

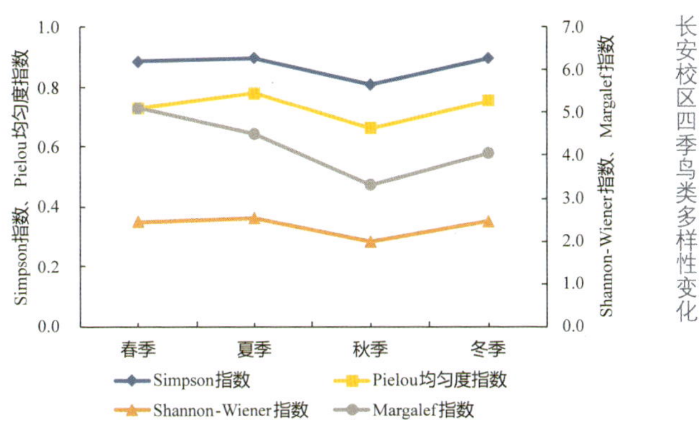

表 2 陕西师范大学两校区鸟类四季多样性指数

多样性指数	长安校区				雁塔校区			
	春	夏	秋	冬	春	夏	秋	冬
Simpson 指数	0.884	0.897	0.808	0.896	0.873	0.843	0.797	0.839
Shannon-Wiener 指数	2.453	2.539	1.987	2.459	2.166	2.008	1.882	2.115
Margalef 指数	5.100	4.495	3.318	4.051	2.854	2.339	2.923	3.020
Pielou 均匀度指数	0.729	0.779	0.663	0.755	0.800	0.840	0.695	0.763

鸟类观察术语

鸟类生态和行为

• 雏鸟（nestling）：孵出后至廓羽长成之前，通常不能飞翔。

• 幼鸟（juvenile）：离巢后独立生活，稚羽刚换成正常体羽，但未达到性成熟的鸟。

• 亚成鸟（subadult）：幼鸟在首次换羽之后至换上成羽之前的过渡阶段，但未达到性成熟，通常需要持续数周到数年。

有些类群如猛禽、鸥类常常要经历数年的亚成鸟阶段，每一年亚成鸟的羽色都不同。

• 未成年鸟（immature）：指除成鸟羽色之外的所有色型，包括幼鸟和亚成鸟。

• 成鸟（adult）：发育成熟能进行繁殖的鸟，羽色基本稳定。

• 换羽（moult）：鸟类脱落旧的羽毛更换新的羽毛的过程，一般包括春季换羽和秋季换羽。

• 繁殖羽（breeding plumage）：成鸟在繁殖季节的被羽，也叫夏羽，是在早春换羽而呈现的羽。

• 非繁殖羽（non-breeding plumage）：非繁殖期的羽色，亦称冬羽，旅鸟在迁徙前或迁徙过程完成换羽。

• 偶见鸟（accidental）：不常出现在一个地区的鸟种。

• 留鸟（resident）（R）：一年四季生活于某个地区的鸟种，不做长距离迁徙。

• 候鸟（migrant）：在春秋两季沿着比较稳定的路线，在繁殖区和越冬区之间进行迁徙的鸟类。

• 冬候鸟（winter visitor）（W）：在某一地区越冬的鸟，通常秋天抵达，春天离开。

• 夏候鸟（summer visitor）（S）：在某一地区繁殖的鸟，通常春天抵达，秋天离开。

• 旅鸟（passenger）（P）：迁徙途中在某一区作短暂停留的候鸟，通常在春天或秋天过境。

• 迷鸟（vagrant）（V）：指在迁徙过程中受身体、气候等因素的影响导致迷路，出现在偏离其正常分布区域的地区的鸟类。

• 迁徙（migration）：一般指在每年的春季和秋季，鸟类在越冬地和繁殖地之间进行定期飞迁的习性。

• 扩散（dispersal）：鸟类在出生地与首次繁殖地或两次繁殖地之间的

位移。

• 滑翔（gliding）：两翼平伸或略呈后掠而无扑翼动作的平直飞行。

• 鸣叫（call）：除鸣唱外鸟类发出的其他鸣声。

• 鸣唱（sing）：一般指在繁殖期由雄鸟发出的长且复杂的鸣声。

• 白化（albinism）：鸟类黑色素合成缺陷导致的羽色异常现象，通常体羽全部白色，虹膜呈红色。

• 白变（leucism）：鸟类由于缺乏色素导致的羽色异常现象，可能全部或部分体羽白色，但虹膜颜色正常。

• 色型（morph）：同种鸟类因遗传差异呈现不同的羽色类型。

• 暗色型（melanistic）：鸟类黑色素表达过多，部分或全部羽色过于发黑的色型。

• 性二型（sexual dimorphism）：同一个鸟种成年雌性和雄性体形大小或羽色显著不同的现象。

• 种（species）（单数 sp.，复数 spp.）：是生物分类的基本单位，指一群生活在一定的地理分布区，且外表相同的生物，在自然状态下可以交配繁殖且后代可育。

• 指名亚种（nominate subspecies）：该物种中被最先发现或者最先命名的亚种就是指名亚种或称模式亚种。

• 亚种（subspecies）（ssp.）：一物种中的一个在形态上有别于其他类群的类群。

• 特有种（endemic）：仅在一个国家或地区分布的物种。

• 古北界（Palearctic realm）：以欧亚大陆为主的动物地理分区，包括整个欧洲、北回归线以北的非洲和阿拉伯、喜马拉雅山脉和秦岭以北的亚洲。

• 东洋界（Oriental realm）：亚洲南部喜马拉雅山脉和秦岭以南的地区，和东南亚大小岛屿，以热带和亚热带雨林为主，是古北界东部繁殖鸟类的重要越冬地。

• 澳洲界（Australian realm）：只限于澳大利亚、新西兰、马鲁古群岛、新几内亚、东印度和波利尼西亚全区，气候干燥，热带和温带气候的海中岛屿，特有种较为丰富。

• 泰加林（taiga）：主要由耐寒的针叶乔木组成森林植被类型，又称寒温带针叶林。

• 饰羽（plume）：一种特形延长的羽毛，常用于炫耀表演。

• 杂交个体（hybrid）：两个不同物种的后代。

• 早成雏（precocial）：雏鸟出壳时全身已经长满绒羽，羽毛一干即可随父母觅食和活动的鸟种。

• 晚成雏（altricial）：雏鸟出壳时全身几乎无羽毛、眼睛未睁开，无法离巢活动，需要父母喂食才能存活的鸟种。

• 游禽（waterfowl）：爪间具蹼，擅长游泳或者潜水的种类，包括鸭雁类、鹈鹕、鸊鷉、鸬鹚等。

• 涉禽（waders）：具有颈长、腿长、喙长的特点，常在浅水区域活动的鸟类，包括鸻鹬、鹤类、鹭类等。

• 陆禽（land birds）：足强健，擅长在地面奔走的鸟类，如鸡形目、鸽形目。

• 猛禽（raptors）：掠食型或者腐食性鸟类，通常具有锐利的喙和爪，包括鹰、隼、鸮类。

• 攀禽（perch birds）：脚趾的排列为非典型性，脚趾多两前两后，或四个脚趾向前，或虽然为常态足，但趾基部存在并联的鸟类。

• 鸣禽（songbirds）：雀形目鸟类，体形较小，具有发达的鸣管和鸣肌，擅长鸣唱。

• 海洋鸟类（pelagic）：在海洋或者海岛上生活的鸟类，由于很少靠岸，因此很难被观测到。

• 爆发式出现（irruption）：冬季，一些分布在寒带的鸟类（山雀类、雀类）突然以大量集群的方式进行觅食迁移的现象。

• 鸟浪（mixed species bird flocks）：也称混合鸟群，森林中的鸟类在非繁殖期组成多个鸟种的混合觅食群体，通常以雀形目鸟类为主。

身体各部形态描述术语

头部

• 额（forehead）：与上喙基部相接连的头的最前部。

• 头顶（crown）：额后的头顶正中部。

• 枕部（occiput）：为头的最后部，或称为枕后头。

• 冠纹（coronary stripe）：头顶中央的纵纹。

• 冠羽（crest）：头顶上伸出的长羽，常成簇后伸。

• 枕冠（occipital crest）：枕部伸出的成簇长羽。

• 顶部（cap）：常用来指额、头顶、后头前部直到眉纹以上的一大块区域。

• 围眼部（circum-orbital region）：眼周围区域，有时为裸皮。

• 颊（cheek）：为一使用不太规则的术语，指眼下的颧部区后方；或指耳覆羽，或指此二区的联合。

• 耳羽（auriculars）：眼后、耳孔上方区域的羽毛。

• 眉纹（supercilium，superciliary stripe）：位于眼上方类似眉毛的斑纹。

• 贯眼纹（或过眼纹）（transocular stripe）：自眼先过眼（及眼周）延伸至眼后的纵纹。

• 眼先（lore）：喙角和眼之间的部分。

• 眼圈（orbital ring）：眼的周缘，形成圈状。

• 颊纹（cheek stripe）：自喙基侧方贯穿颊部的纵纹，或称颧纹（malar stripe）。

• 髭纹（moustachial stripe）：位于下喙基部侧下缘，介于颊与喉之间的纵纹，或称颚纹（maxillary stripe）。

• 颏（chin）：喙基部腹面所接续的一小块羽区。

• 颏纹（mental stripe）：纵贯于颏部中央的纵纹。

• 蜡膜（cere）：鸠鸽类、鹦鹉类和猛禽等鸟类鼻孔周围的裸皮。

颈部

• 后颈（或称项）（nape）：与头的枕部相接近的颈后部。

• 颈冠（nuchal crest）：着生于后项部的长羽，或称项冠。

• 翎领（ruff）：着生于颈部四周的长羽，形成领状。

• 披肩（cape）：着生于后颈的披肩状长羽。

• 喉（throat）：紧接颏部的羽区。

• 喉囊（gular pouch）：喉部可伸缩的皮囊，食鱼鸟类常具。

• 颈圈（collar）：环前颈或后颈而过的具色彩反差的条带或横斑。

躯干部

• 背（back）：自颈后至腰前的背方羽区。

• 肩（scapulars）：背的两侧、翅基部的长羽区域。

• 翕（mantle）：上背部、肩部及翅的内侧覆羽所合成的一块羽区。

• 腰（rump）：下背部之后、尾上覆羽前的羽区。

• 胸（breast）：龙骨突起所在区域。

• 胁（flanks）：体侧相当于肋骨所在区域。

• 腹（abdomen）：胸部以后至尾下覆羽前的羽区，可以泄殖腔孔为后界。

• 肛周（crissum）：围绕泄殖腔四周的一圈短羽。

• 臀部（vent）：尾羽腹面的区域。

• 裸露部位（bare part）：一些鸟类眼先、面部、跗跖等不长羽毛的部分。有一些种类在繁殖期其裸露部分颜色会变得很鲜艳。

喙部

• 喙（bill）：鸟类的上下颌骨及鼻骨延伸，外层有致密的角质上皮。

• 喙角（gonys angle）：上下喙基部相接之处。

• 鼻孔（nostril）：喙基的成对开孔。

• 鼻沟（nasal fossa）：上喙侧部的一对深沟，鼻孔位于沟内，见于某些海鸟称为鼻须、颏须。

• 蜡膜（cere）：上喙基部的膜状覆盖构造。

• 喙峰（culmen）：上喙的顶脊边缘，自喙基生羽处至上喙先端部分。

• 喙裂（gape）：喙的肉质内衬。

• 喙须（rictal bristles）：喙角上方的成排长须，某些飞捕昆虫的鸟类比较发达。

• 副须（supplementary bristles）：头部除喙须以外的成排小须，依着生部位可分为鼻须、颏须、羽须。

翼部

• 飞羽（remiges）：为翅的一列大型羽毛，依着生部位可分为：着生于掌指骨（手部）的初级飞羽（primaries）；着生于尺骨（前臂）上的次级飞羽（secondaries）；着生于肱骨上的三级飞羽（tertiaries）。

• 覆羽（wing coverts）：为覆盖在飞羽基部的小型羽毛。其中覆于初级飞羽基部的称初级覆羽（primary coverts），覆于次级飞羽基部的称次级覆羽（secondary coverts）。次级覆羽可明显分为三层，即大覆羽（greater coverts）、中覆羽（medium coverts）和小覆羽（lesser coverts）。

• 粉䎃（powder feather）：终生生长不更换，端部羽枝和羽小枝不断破碎为1μm的粉状颗粒，用于清洁和护理羽毛；鹭类十分发达，位于胸、腹和胁部，鹦鹉与猛禽类散布于全身。

• 翼角（bend of wing）：翼的腕关节弯折处。

• 翼镜（speculum）：鸟类的次级飞羽及邻近的大覆羽常具金属光泽的羽毛，与其他覆羽和飞羽的颜色相异，见于雁鸭类。

• 翼斑（wing bars）：翼上特别明显的色斑，通常为初级飞羽或次级飞羽的不同羽色区段所构成。

• 小翼羽（alula）：着生于第二指骨上的羽毛。

• 腋羽（axillaries）：翼基下方（腋下）的覆羽。

• 肩羽（scapulars）：位于翼背方最内侧的覆盖三级飞羽的多层羽毛，当翅合拢时恰好位于肩部。

• 缺刻（emargination）：初级飞羽羽片的外翈先端突然变窄，致使这一段的外翈几乎贴紧羽干，形成缺刻，这是许多鸟类的种间分类依据（例如柳莺）。

• 前翼缘（leading edge）：翼的前缘。

• 翼指（fingers）：鸟类飞翔时外侧飞羽突出的部分，看似人的手指。可以通过翼指形状识别部分猛禽种类。

尾羽

• 尾羽（rectrices）：长在尾综骨的正羽，通常 10 或 12 枚。

• 中央尾羽（central rectrices）：居于中央的一对尾羽，其外侧者统称外侧尾羽（lateral rectrices）。

• 尾上覆羽（upper tail coverts）：上体腰部之后，覆盖尾羽羽根的羽毛。

• 尾下覆羽（under tail coverts）：下体泄殖腔开口之后，覆盖尾羽羽根的羽毛。

足趾

• 脚（foot）：股（thigh）、胫（shank）、跗跖（tarsus）和跖（toe）的总称。

• 跗跖：在胫之下，为一般鸟脚显著部分，除少数鸟类被羽外，其他附生各种鳞片，其中后缘常具有两个整片纵鳞，前缘鳞多变。

• 鳞片：主要在跗跖部，包括大型横列的盾鳞（seutellated）、小型多角形的网鳞（reticulated）和连成整片的靴鳞（booted）。

• 距（spur）：自附跖部后缘伸出的角质刺突，其内常有骨质突。某些种类（如雉类）的雄鸟距发达，为求偶斗争及性选择的特征性结构。

羽饰斑纹

通常用于分类学上的羽饰斑纹，分别为：点斑（spot）、鳞斑（squamate）、横斑（bar）、蠹状斑（亦称不规则鳞状斑，vermiculation）、条纹（stripe）、块斑（patch）及羽干纹（shaft streak）。羽干纹为羽干颜色不同于羽片而形成的条纹或沿羽干区分布的较窄条纹。

鸟类身体部位图解

翼形

圆翼 - 黑枕黄鹂

尖翼 - 家燕

方翼 - 八哥

尾羽形

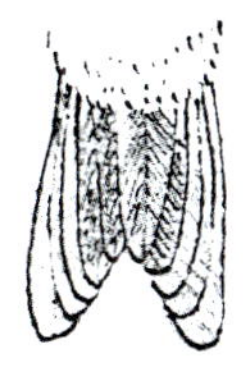
凹尾 - 崖沙燕

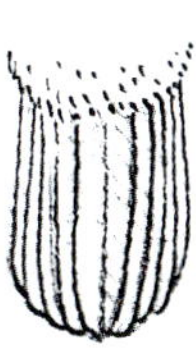
圆尾 - 八哥

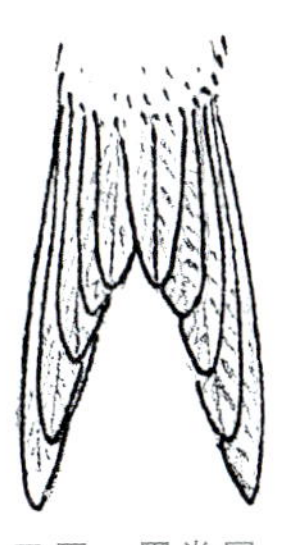
叉尾 - 黑卷尾

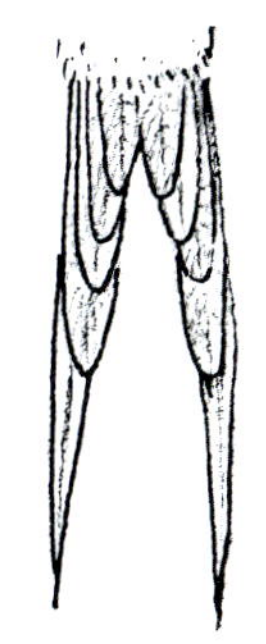
铗尾 - 普通燕鸥

蹼形

蹼足－绿头鸭

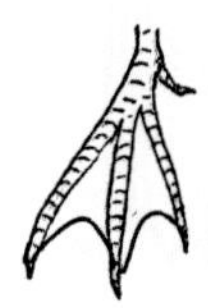
凹蹼足－红嘴鸥

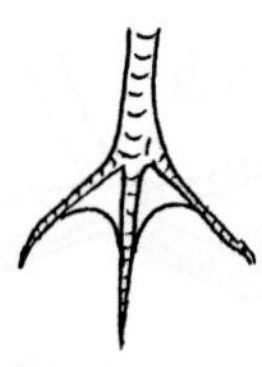
半蹼足－白鹭

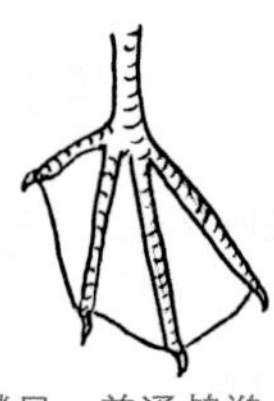
全蹼足－普通鸬鹚

瓣蹼足－骨顶鸡

• 蹼足（palmate foot）：前 3 趾之间有蹼，后趾或具扩展的侧皮褶。

• 凹蹼足（incised palmate foot）：似前者但各趾间的蹼膜显著凹入，发育不佳。

• 半蹼足（semipalmate foot）：足蹼较前者更不发育，仅在趾间基部留存。

• 全蹼足（totipalmale foot）：4 趾间均以蹼相连。

• 瓣蹼足（lobed foot）：为常态足，在各趾的两侧均有莲花瓣状的皮褶。

鸟类形态结构示意图

全身形态图

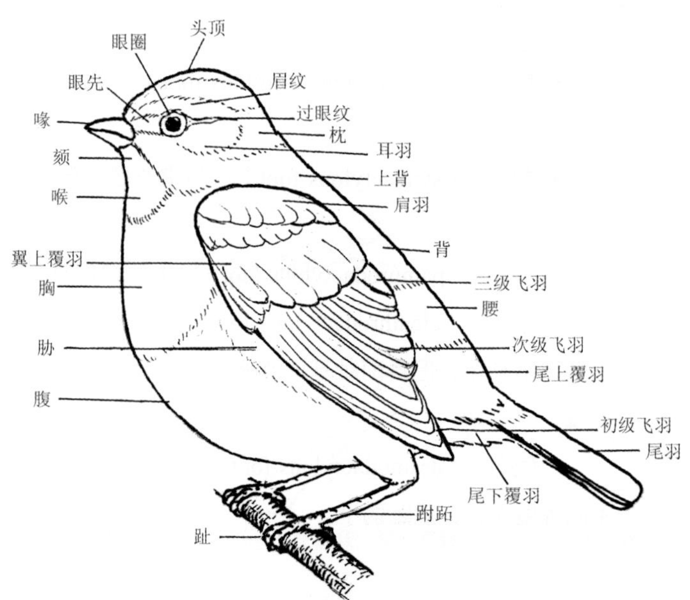

头部形态图

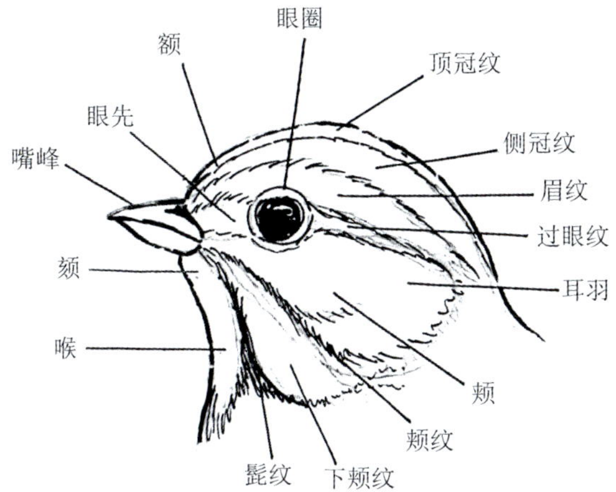
眼圈
额
顶冠纹
眼先
侧冠纹
嘴峰
眉纹
过眼纹
颏
耳羽
喉
颊
颊纹
髭纹
下颊纹

翼部形态图

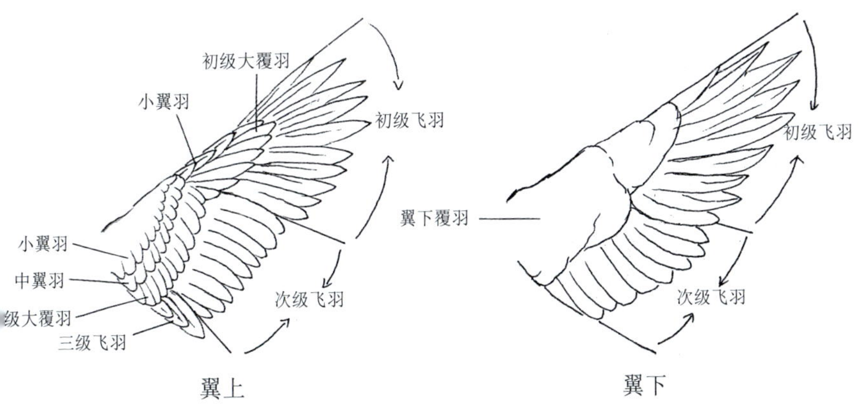
初级大覆羽
小翼羽
初级飞羽
小翼羽
中翼羽
级大覆羽
三级飞羽
次级飞羽
翼上
初级飞羽
翼下覆羽
次级飞羽
翼下

第二部分 分述

鸡形目 GALLIFORMES

体形大多似鹑或鸡的地栖型陆禽。全世界共 5 科 84 属 299 种，全球广布。中国有 1 科 27 属 64 种，全国广布。喙短钝而有力，跗跖强健，适于奔跑和地表刨食。大多种类性二型，雄鸟羽色更为醒目和艳丽，体羽颜色丰富。两翼圆短，多数尾羽较发达。栖息地环境多样，从戈壁荒漠到热带雨林。营巢于地面或树上。杂食性，主要取食植物种子和果实，也捕食昆虫和小型无脊椎动物。大多数种类都不善飞行。留鸟，极少数具有迁徙习性。雏类一般性隐蔽，警戒性强，繁殖期常成对活动，冬季集群，野外观察、研究、拍摄难度较大。

雉科 Phasianidae

小型至大型陆生雉鸡类。雉科是整个鸡形目 5 个科中种类最多的一个类群，共计 54 属 186 种，占鸡形目物种总数的 61%，分布于亚洲。我国分布 28 属 64 种，多为留鸟，少数种类具垂直迁徙习性。体形中大，喙粗而强，跗跖多不被羽。多数种为性二型，部分种类有长尾羽，雄鸟通体羽色鲜艳，尤其在喉部及眼周裸区区别明显，具肉垂，大多一雄多雌，营地面巢，窝卵数 8~15 枚，早成雏。陕师大校园分布 1 种。

Phasianus colchicus
环颈雉
Common Pheasant

形态特征：雄鸟体长 80~100 cm、雌鸟 57~65 cm 的中大型雉类。雄鸟头部具金属绿光泽，眼周裸露皮肤鲜红色，具耳羽簇，部分亚种有白色颈圈；校园内分布的亚种具白色颈环，胸部至颈环以下为铜红色，具黑色羽缘，带紫色金属光泽；后颈颈环以下黄色，且具粗大黑色点斑；两肋橙黄色，具黑色端斑；腰蓝灰色；翅上具覆羽形成的灰色斑块；尾羽甚长，呈棕黄色，具黑色横斑和略下垂的紫色羽丝；腹部棕黑色；尾下覆羽栗红色；雌鸟整体棕褐色，周身密布浅褐色斑纹，眼周具白圈，尾羽较雄鸟短；虹膜黄色；喙角质色；脚灰绿。

生态习性：单独或集小群活动。栖息于中低山丘陵、农田、沼泽、草地等多种生境。性机警，杂食性，常在地面刨食。雄鸟求偶时发出短促响亮的“ga-ka”声，惊飞时发出一连串“gugugu”声，并鼓翅发出呼呼声。繁殖期 3~7 月，营巢于地面草丛、灌丛，一雄多雌制。

分布状况：中国大部分地区常见；陕西全省分布；陕师大长安校区全年常见于文津楼南侧、格物楼西侧与北侧、新勇活动中心东侧及不高山的树林及草坪。

居留型：留鸟。

环颈雉（雌鸟和幼鸟） 于晓平 摄

环颈雉（雄性亚成体） 费艺帆 摄

环颈雉（雄） 廖小青 摄

䴙䴘目 PODICIPEDIFORMES

外形及形态近似潜鸟的中小型游禽。全世界共 1 科 6 属 23 种，全球广布。中国有 1 科 2 属 5 种，全国广布。喙尖而直，颈细长而尾短，各趾具瓣蹼，适于潜水觅食。雌雄同色，体羽多为灰、褐色。多数种类具有迁徙习性。在淡水生活，主要分布于河流、湖泊、沼泽和水塘等区域。在水面以植物编成浮巢。杂食性，主要以鱼类、水生昆虫和甲壳类动物为食。多为成对或集小群活动，少在陆地活动。

䴙䴘科 Podicipedidae

䴙䴘目的独科，为中小型游禽。体形似鸭，但较小而扁平。喙窄而尖，眼先裸露；翅圆而短小，尾羽极其短小且全为绒羽。后肢位于身体末端，跗跖侧扁，四趾具分离的瓣状蹼。性单型，但具季节性换羽特征，故冬夏羽有所区别。栖息和营巢于湖泊和沼泽类淡水湿地的芦苇丛中；集群栖息，善游泳、潜泳觅食。单配制，窝卵数 2~7 枚，早成鸟，双亲孵育。多为长距离迁徙水鸟。陕师大校园分布 1 种。

Tachybaptus ruficollis

小䴙䴘

Little Grebe

形态特征：体长 23~29 cm 的小型游禽，雌雄相似。繁殖期下颌、颊部至颈中部呈栗红色，头顶、其余颈部、胸部、两胁、背部呈黑褐色，喙基部有显眼的黄白色斑块，腹中部呈白色或浅褐；非繁殖期羽色浅；喉白，头顶、后颈至上背呈黑褐，颊部至胸部及两胁浅褐色，腹部近白色；幼鸟灰褐，头颈部为黑白斑纹相间；成鸟虹膜黄色，幼鸟虹膜褐色；繁殖期喙呈黑色，非繁殖期上喙上部呈黑色，其余部分呈黄色；脚蓝灰色。

生态习性：繁殖期单独或成对活动，非繁殖期集小群活动。栖息于水流缓慢的淡水水域，以水生无脊椎动物和小鱼为食；善潜水。繁殖期可频繁听见其鸣唱，声为高音调的一串连续“ge-ge-ge”颤音。繁殖期 5~7 月，双亲育雏，雏鸟早成，养育雏鸟时会将其驮在背上。

分布状况：除西北荒漠地区外中国各地常见；陕西全省广泛分布；陕师大长安校区偶见于昆明湖。

居留型：留鸟。

小鸊鷉（繁殖羽和幼鸟） 费艺帆 摄

小鸊鷉（冬羽） 于晓平 摄

鸽形目 COLUMBIFORMES

体形似鸽的中小型陆禽。全世界约 1 科 49 属 344 种，多数分布在东洋界和澳洲界。中国有 1 科 9 属 34 种，广布于全国各地。喙短钝而细弱，具蜡膜。脚短而强健，具钝爪，善于在地面奔走及掘土觅食。体羽密而软，以褐、灰色或绿色为主。两翼多长而尖，具圆尾或楔尾，善飞行。多数栖息于森林，也见于岩壁和地面，喜集群活动。以细枝营巢于树上、岩缝，极为简陋。嗉囊发达，繁殖期可分泌鸽乳育雏，雏鸟为晚成鸟。其主要以植物嫩芽、种子、果实和嫩叶，以及昆虫和小型无脊椎动物为食。

鸠鸽科 Columbidae

鸽形目的独科，中型陆禽，营地栖或树栖生活。除高纬度地区外的世界性分布，全球 51 属 353 种，以热带分布居多，我国分布 9 属 34 种，广布于全国各地。头部较小，喙短而细弱，基部具蜡膜；翅稍尖长，飞翔迅速；常态足，善于地面疾走，常见特征性的点头步行姿态。食物以植物种子为主，或少数种类辅以果实，极少数食昆虫和小型无脊椎动物。嗉囊发达，繁殖时分泌鸽乳育雏。营巢于树上、山区岩石或建筑物顶端，巢极为简陋，窝卵数 1~2 枚，晚成鸟。陕师大校园分布 3 种。

Streptopelia orientalis

山斑鸠

Oriental Turtle Dove

三有保护

形态特征：体长 30~33 cm 的中型陆禽，雌雄相似。颈侧具有数道黑白相间的条状斑纹；上体灰色，翅偏黑色，翅上具有橙色羽缘并形成扇贝样斑纹；下体灰粉色；尾羽深灰色；虹膜黄色；喙灰色；脚粉红色。

生态习性：单独或成对活动，栖息于低山丘陵、平原、林地、果园和农田。主要取食种子、谷物、植物嫩芽，有时也以水果和小型无脊椎动物为食。性较大胆，不甚惧人，落地时有滑翔动作，觅食时常小步慢踱。叫声为四声一度“gugu、gu-gu”声，前两声紧凑，后两声略有延长。繁殖期 5~8 月，营巢于灌丛、竹丛或树上。

分布状况：中国广泛分布；陕西全省分布；陕师大两校区常见。

居留型：留鸟。

山斑鸠 于晓平 摄

Streptopelia decaocto

灰斑鸠

Eurasian Collared Dove

三有保护

形态特征：体长 25~34 cm 的中型陆禽。通体淡灰色；后颈有半环形黑色颈环；外侧尾羽呈深灰色具阔的白色端斑；虹膜赤红色；喙黑色；脚暗红紫色。

生态习性：多集小群或与其他斑鸠混群活动，在谷类等食物充足的地方会形成相当大的群落。栖息于开阔平原、村庄、农田和果园等地。主要以各种植物果实与种子为食，也吃草籽、农作物谷粒和昆虫。叫声为重复的“gugu-gu”且第二声较重，在飞行着陆时偶尔也会发出大约 2 秒钟的巨大刺耳而又呆板空洞的鸣叫声。繁殖期取决于温度及食物条件，食物充足时全年均可繁殖，繁殖高峰期在 3~8 月，营巢于多种树上或建筑物上。

分布状况：繁殖于中国东北，越冬于西南地区、长江中下游至华南地区和台湾，迁徙时常见于国内绝大部分地区；陕西省主要分布于黄土高原以北；陕师大校园罕见。

居留型：留鸟。

Spilopelia chinensis

珠颈斑鸠

Spotted Dove

三有保护

形态特征：体长 27.5~30 cm 的中型陆禽，雌雄相似。上体粉褐色，前额至头顶呈灰色或灰粉色；后枕至上颈部及下体呈粉红色；后颈部及颈侧大块黑斑上具有珍珠样白色点斑（幼鸟点斑不清晰或无点斑）；尾羽具有白色端斑而中央尾羽无；虹膜橘黄色；喙黑色；脚红色。

生态习性：常单独或成对活动。活动于各种生境，特别是人类聚集居住地附近的农田、林地、城镇和乡村等。主要取食植物种子、嫩芽。鸣声为轻柔的三声或四声一度的“gugugu、gu”声，最后一声明显延长。繁殖期 3~7 月，营巢于小树或灌木上。

分布状况：广泛分布于中国东部地区，包括海南及台湾；陕西全省可见；陕师大两校区常见。

居留型：留鸟。

珠颈斑鸠　费艺帆　摄

夜鹰目 CAPRIMULGIFORMES

体态似鹰的中小型夜行性攀禽。全世界约 5 科 44 属 234 种，主要分布于热带至亚热带，少数分布至温带。中国有 4 科 9 属 22 种，分布于全国各地。头较扁平，喙短而宽且喙裂极大，喙须极为发达，跗跖被羽，腿短而弱，多为并趾型。雌雄同色，体羽较为松软，多以褐、白、黑的斑驳色为主，适于昼间隐蔽。两翼尖长，尾长而圆或具有不同程度的叉尾形，飞行迅速灵便。多数种类不迁徙。主要栖息于森林，也见于开阔生境。主要以昆虫为食，少数以植物果实为食。营巢于树干或地面，晚成鸟。根据最新国内外分类系统，雨燕科归于夜鹰目，与树燕科同属于蜂鸟目进化的分支，与夜鹰目分支为姐妹群。

雨燕科 Apodidae

小型攀禽，全球 19 属 112 种，我国分布 5 属 14 种。体形似家燕，但稍大且尾叉较小。喙短宽、口裂大，翅尖长、初级飞羽超尾羽长度，适于空中迅速飞翔和兜捕飞虫；足和趾皆甚短，前趾型，不能从平地弹跳起飞，只能停歇或抓持于崖岩间。常集大群活动，包括繁殖季觅食、迁徙和越冬。营巢于崖缝或岩洞中，多数种类具回声定位能力，窝卵数 1~5 枚，晚成鸟。国内广布，长距离迁徙，高纬度地区繁殖、南迁越冬。陕师大校园分布 2 种。

Apus pacificus

白腰雨燕

Fork-tailed Swift

三有保护

形态特征：体长 17~20 cm。通体黑褐色，颏、喉白色，具黑褐色细纹。头顶至上背具淡色羽缘；下背、两翅表面和尾上覆羽微具光泽，亦具近白色羽缘；腰白色，具细的暗褐色羽干纹；下体具白色鳞状斑，边缘明显；虹膜棕褐色；喙黑色；脚黑色。

生态习性：喜成群，常成群地在栖息地上空来回飞翔。多在近溪流和水库的崖壁、森林和苔原活动。主要以各种昆虫为食，在飞行中捕食。飞行速度甚快，常边飞边叫，声音尖细，为单音节，其声似“ji-ji-ji”。繁殖期为 5~7 月，成群营巢于临近河边和悬崖峭壁裂缝中。

分布状况：中国除西北少数地区之外，全国均有分布；陕

白腰雨燕 王小平 摄

西全省可见；陕师大校园夏季偶见。

居留型：夏候鸟。

Apus apus

普通雨燕

Common Swift

三有保护

形态特征：体长 16~19 cm。通体呈棕褐色，眼先及喉部灰白色；胸部有灰色细纵纹；腹部具鳞状斑纹；腰部无白斑；翼镰刀形，翼下覆羽无明显白色羽缘；尾部中等分叉；虹膜褐色；喙黑色；脚黑色。

生态习性：常集大群活动。栖息地范围广泛，从干旱草原、荒漠、森林、海岸到城市，海平面到高海拔地区均有分布，常见于开阔地区及城市。以昆虫为食；在空中飞捕昆虫，交配也在空中进行，基本不落地。常边飞边叫，叫声响亮尖锐，类似“srreeeeerrr”声，穿透力极强。繁殖期 5~7 月，常在土崖及古建筑物的檐下或立交桥下筑巢。

分布状况：中国东北、华北、华中北部、西部地区常见；陕西全省广泛分布；陕师大雁塔校区夏季常见于图书馆上空。

居留型：夏候鸟。

普通雨燕　臧晓博　摄

鹃形目 CUCULIFORMES

体形瘦长的中型攀禽。全世界共 1 科 33 属 149 种，全球广布。中国有 1 科 9 属 20 种，全国广布。喙大多纤细，较长而略下弯。腿短而弱，对趾型，适于攀缘及握枝。大多两翼尖长，尾长呈圆形，飞行姿态似猛禽。雌雄大多同色，羽色多样。多数种类具迁徙习性。多单独栖息于森林、灌丛、荒漠、芦苇丛等多种生境。食虫性，主要以毛虫和其他昆虫为食。

杜鹃科 Cuculidae

喙纤细而喙峰微下弯，翅稍圆而端尖，尾羽长而端部呈圆形，对趾足。全球 33 属 147 种，我国 9 属 20 种。虽然杜鹃科鸟类包含一些最具社会性的群居型种类，但是该科鸟类更多因为其反社会成员而出名，巢寄生在该科鸟类至少发生了三次进化。因此，该科大多数种具巢寄生习性，晚成鸟由义亲代孵育，出壳比义亲雏鸟早，将义亲的卵和雏鸟拱抛出巢外，独享义亲饲喂。因成鸟觅食松毛虫，为林中益鸟。多有长距离迁徙行为，于东南亚和非洲越冬。陕师大校园分布 3 种。

Clamator coromandus

红翅凤头鹃

Chestnut-winged Cuckoo

形态特征：体长 41~45 cm。具黑色凤头，喉及胸橙褐色，颈圈白色，腹部近白，翼羽栗色，背及尾羽黑色具辉光；虹膜褐色，具黄色眼圈；喙黑色；脚黑色。

生态习性：常单独或成对活动。栖息于低山丘陵及山麓平原等开阔地带的疏林。杂食性，主要以昆虫为食，偶尔也取食植物果实。性隐蔽，常只闻其声不见其踪迹。繁殖季发出重复的带有金属音色的“didi-didi”声，也会发出嘶哑的“klinck-klinck”声。繁殖期 5~7 月，营巢寄生，常以鹛类为寄主。

分布状况：中国境内常见于华东、华中、西南、华南地区；陕西省主要分布于秦岭南坡；陕师大校园夏季罕见。

居留型：夏候鸟。

红翅凤头鹃 廖小凤 摄

Eudynamys scolopaceus

噪鹃

Western Koel

 三有保护

形态特征：体长 40~43 cm 的大型杜鹃。雄鸟体黑并有暗蓝色金属光泽；雌鸟上体灰褐色且遍布白色斑点，下体皮黄色，具深褐色波状横斑，尾羽具明显的白色横斑；幼鸟体色似雌鸟；虹膜红色；喙粗壮，浅黄绿色；脚蓝灰色。

生态习性：常单独活动。栖息地类型多样，常见于低海拔林地，偶尔见于人工林及林缘地带。杂食性，取食植物果实、花蜜、宿主的卵和昆虫等。繁殖季雄鸟常发出“koel”声，一声比一声高，雌鸟发出急促的“jiji”声。繁殖期 3~8 月，营巢寄生，常借鸦科等鸟类的巢产卵。

噪鹃（雄）　廖小凤　摄

噪鹃（雌）　于晓平　摄

分布状况：常见于中国华南地区，华北地区也有稳定记录；陕西省分布于关中平原以南；陕师大长安校区夏季偶见于不高山、格物楼西侧树林。

居留型：夏候鸟。

Cuculus micropterus

四声杜鹃

Indian Cuckoo

三有保护

形态特征：体长 31~34 cm。雄鸟头颈部及喉胸部浅灰色，背部及两翼灰褐色，腹部白色具浅黑色横斑，尾羽灰褐色具白色横斑和黑色次端斑，尾下覆羽白色；雌鸟胸部呈褐色，其余体色似雄鸟；幼鸟头部白色且具黑色杂斑，面部以黑色为主，具浅黄色眼圈，上体余部黑褐色且具白色斑点，下体白色具棕色横斑，尾羽灰褐色；虹膜褐色，具黄色眼圈；喙黑色；基部绿色；脚黄色。

生态习性：常单独或成对活动。栖息于低海拔林地及田间树木。杂食性，主要取食昆虫，偶尔也取食水果。性隐蔽，常只闻其声不见其踪迹。繁殖季发出极具特征的四音节的响亮叫声，似“光棍好苦”或“快快割谷”，经常在夜间鸣叫。繁殖期 5~7 月，营巢寄生，借中小型鸟类的巢产卵，常见宿主为灰喜鹊、黑卷尾。

分布状况：常见于中国大部分地区；陕西全省可见；陕师大校园夏季偶见。

居留型：夏候鸟。

四声杜鹃 于晓平 摄

Cuculus canorus

大杜鹃

Common Cuckoo

三有保护

形态特征：体长 32~35 cm。雄鸟头颈部至上体灰色，胸部浅灰色，腹部白色具细密的黑色窄横斑，翼具白色羽端，尾羽灰褐色具白色斑纹和白色端斑；雌鸟普通色型似雄鸟，但体色偏棕且胸部呈褐色，棕色型上体栗棕色，下体白色，全身除腰部和尾上覆羽外遍布黑色横纹；幼鸟枕部具白色斑块，上体灰褐具白色鳞状斑；虹膜黄色，具黄色眼圈；上喙黑色，下喙基部呈黄色；脚黄色。

生态习性：常单独活动。栖息于中低海拔山地及平原，常见于开阔的林地、农田和湿地。性孤僻，停栖时身体水平，经常将两翼垂下。杂食性，主要取食昆虫。繁殖季雄鸟发出极具特征的“bu-gu、bu-gu”双音节叫声。繁殖期 5~7 月，营巢寄生，借多种鸟类的巢产卵。

分布状况：常见于中国除极高海拔和沙漠以外地区；陕西全省广泛分布；陕师大长安校区夏季常闻其鸣叫。

居留型：夏候鸟。

大杜鹃 廖小青 摄

鹤形目 GRUIFORMES

小到大型涉禽。全世界约 6 科 52 属 189 种，全球广布。中国 2 科 16 属 30 种，分布遍及全国。喙细长而尖，颈长，适于涉水取食。脚长，有的种类趾间具瓣蹼，后趾趋于退化且显著高于前趾。两翼宽阔，尾短，多数具较强飞行能力。雌雄羽色相似且多样，以白、黑、棕和红色为主。大多栖息于森林或荒漠、开阔草原、沼泽湿地等，多营巢于地面。雏鸟除鸨科外为早成鸟。以昆虫、鱼虾、小型两栖爬行类和小型哺乳动物为食，也吃植物的种子、根茎、叶芽和果实。

秧鸡科 Rallidae

小中型涉禽，全球 37 属 155 种，我国分布 12 属 20 种。喙强直或短钝，颈部稍长，头较小。翅短而圆，呈凹形，不善飞翔。跗跖较长而健壮，趾甚长，部分种类具瓣蹼，适于涉水捕食，也善于栖息在沼泽地苇蒲草茎上，并在高的草茎间筑巢，窝卵数 5~10 枚，早成鸟。生性隐匿，多数种类具有长距离迁徙习性。陕师大校园记录 1 种。

Rallus indicus

普通秧鸡

Eastern Water Rail

三有保护

形态特征：体长 25~31 cm 的中型涉禽。雌雄相似。成鸟具一道蓝灰色眉纹；头顶、贯眼纹黑褐色；颊、颏、喉部蓝灰色；上体暗褐色具有黑色斑纹；下胸至上腹部棕灰色，下腹部至尾下覆羽为黑白色横斑相间；虹膜暗红色；上喙上部黑色，下部红色，下喙红色，端部黑色；脚浅红色。

生态习性：通常单独活动。栖息于平原丘陵地带植被良好的淡水湿地、鱼塘和湖岸。主要以淡水鱼虾、甲壳类动物、蚯蚓、软体动物、昆虫为食。多为晨昏活动，性机警怕人。偶尔发出金属音色的单调“ju-ju-ju”声。繁殖期 4~7 月，营巢于地面或水面上的芦苇丛中。

分布状况：分布范围广，地方性常见；陕西全省可见；陕师大校区迁徙季节偶见（仅在 2023 年 9 月 23 日于雁塔校区记录 1 只）。

居留型：旅鸟。

普通秧鸡　于晓平　摄

鹈形目 PELECANIFORMES

中大型涉禽和游禽。全世界共5科34属118种，全球广布。中国3科15属35种，全国广布。喙长且末端具钩，大多具喉囊；颈、腿长，部分种类趾间具蹼；适于水中捕食。翅长而尖，翼宽阔，尾羽较短。多数种类具迁徙习性。主要分布于江河、湖泊、沼泽和沿海等湿地生境。多营巢于树上，少数营巢于岩崖地面，部分种类营群巢。喜食鱼类、两栖爬行类、昆虫乃至小型哺乳动物。

鹭科 Ardeidae

大中型涉禽，全球 20 属 71 种，我国分布 9 属 26 种。体形纤瘦，眼先和眼周皮肤裸露；喙细长而直，末端尖细；颈细长，四趾位于同一平面；中趾超过跗跖半长，爪具栉缘，中趾与外侧趾间基部具微蹼；粉䎃发达，背羽细长下披，繁殖季形成蓑羽（婚羽）。结群栖息于湿地浅水有水草分布的区域，被称为湿地高效捕食者，有些种类在浅水域站立许久，耐心等待食物进入身体阴影区；或者搅浑水体的同时用足趾吸引猎物。营巢于水域附近的树上或芦苇丛，窝卵数 3~9 枚，晚成鸟。双亲共同营巢、孵育和育雏。陕师大校园记录 4 种。

Nycticorax nycticorax

夜鹭

Black-crowned Night-heron

三有保护

形态特征：体长 48~59 cm 的中型涉禽，雌雄相似。成鸟头顶至背黑蓝色，枕部具 2~3 枚带状白色饰羽，翅及尾羽灰色，下体灰白；亚成鸟上体暗褐色，密布浅色斑，下体浅白色而具暗褐色细纵纹；虹膜鲜红色；喙黑色；脚黄绿色，繁殖季偏粉色。

生态习性：单独或集群活动。栖息于溪流、水塘、沼泽和水田等地。主要以鱼、虾、水生昆虫为食。多为晨昏、夜行性活动，不甚惧人。鸣声为响亮而粗犷的“wa”或“ga”声。繁殖期 4~7 月，营巢于树冠。

分布状况：见于中国中东部地区；陕西省分布于关中平原以南；陕师大长安校区夏季昆明湖偶见。

居留型：夏候鸟。

夜鹭 于晓平 摄

Ardeola bacchus

池鹭

Chinese Pond Heron

LC 三有保护

形态特征：体长 38~50 cm 的小型鹭科涉禽，雌雄相似。繁殖羽头、颈栗红色，胸部绛紫色，背部具蓝灰色蓑羽，其余部位白色，飞翔时与体背深色呈鲜明对比；非繁殖羽头、颈具黄褐色纵纹，无饰羽，背暗褐色，其余部位白色；虹膜褐色；喙基黄色，喙端黑色；脚黄绿色，繁殖季偏粉色。

生态习性：常单独、集群或与其他鹭类混群活动。栖息于稻田、池塘、沼泽和湖泊等湿地水域。主要以鱼、蛙和水生昆虫为食。不甚惧人。鸣声为单调的“ar-ar”声。繁殖期 3~6 月，营巢于乔木和竹林。

分布状况：中国分布广泛；陕西全省分布；陕师大长安校区夏季偶见。

居留型：夏候鸟。

池鹭　于晓平　摄

Ardea cinerea

苍鹭

Grey Heron

LC　三有保护

形态特征：体长 92~99 cm 的大型鹭科涉禽，雌雄相似。喙长且直，过眼纹及冠羽黑色；上体淡灰色，前颈下部具黑色纵纹，飞羽黑色；虹膜黄色；喙黄绿色；脚偏黄黑色。

生态习性：常单独或与其他鹭类混群活动。栖息于稻田、池塘、沼泽和湖泊等湿地水域。主要以鱼类为食，也吃两栖类和水生昆虫。鸣声为嘶哑的“ga-”声。繁殖期 3~6 月，营巢于树冠、芦苇或草丛。

分布状况：中国分布广泛；陕西全省分布；陕师大长安校区校园上空偶见。

居留型：留鸟。

苍鹭 于晓平 摄

Ardea alba

大白鹭

Great Egret

 三有保护 

形态特征：体长 90~100 cm 的大型鹭科涉禽，雌雄相似。成鸟全身白色，颈部较长且具有明显的特殊扭结，起飞时扭结似囊状，较为明显；繁殖期眼先蓝绿色，背部及颈部生有发达的蓑羽；非繁殖期喙及眼先黄色，无蓑羽；虹膜黄色；繁殖期喙黑色，脚黄色；非繁殖期喙黄色；脚黑色。

生态习性：常单独或集小群活动，偶见多达数百只的繁殖群或与其他鹭类混群。栖息于沿海和内陆各种湿地。主要以鱼、蛙、软体动物和水生昆虫为食。偶发出低沉的“galala-galala”声。繁殖期 4~7 月，集群营巢于高大乔木。

分布状况：分布于中国北部和中东部；陕西全省广泛分布；陕师大长安校区冬季偶见于北门喷泉附近。

居留型：冬候鸟。

大白鹭 于晓平 摄

鸻形目 CHARADRIFORMES

中小型涉禽。全世界约 19 科 88 属 386 种，全球广布。中国 13 科 49 属 137 种，全国广布。喙形变异较大，从粗短到细长，从反喙到勺喙。颈或短或长。后趾退化且存在时位置较高，前趾间或具微蹼。腿或短或长，两翼狭长，尾短圆或细长，奔跑快速而善于飞翔。多雌雄同色，部分物种在繁殖期雌雄异色，多数羽色较单一，以黑、白、灰、褐和棕色为主，适于隐蔽。多数具有迁徙习性。栖息于各种类型的湿地，多数营巢于地面。雏鸟为早成鸟。杂食性，主要以软体动物、甲壳动物、昆虫、鱼类等小型水生动物为食。

鸻科 Charadriidae

中小型涉禽，全球 11 属 69 种，我国分布 4 属 20 种。喙直且较短，喙端硬而膨大。跗跖长而有力，善快速行走或奔跑，多数种类无后趾。两翼较长，尾羽较短，大部分种类善长距离迁徙。其中小型鸻类两翼细长，善于迅速直接飞行，麦鸡类两翼较宽，一版为较为缓慢的扇翅飞行。与鹬类相似，鸻类栖息于开阔海边或河边滩涂，短暂奔跑间歇在滩涂的泥沙中不同深度觅食，因此演化出不同长短和形状的喙。性单型，日行性或夜行性。与其他鸻形目鸟类相同，多为雄性营地面巢，窝卵数 3~4 枚，早成雏。陕师大校园内仅分布有 1 种。

Vanellus cinereus

灰头麦鸡

Grey-headed Lapwing

三有保护

形态特征：体长 34~37 cm。上喙基具不甚明显的黄色肉瘤，头至胸灰色，具黑色胸带，腹部白色；背部灰褐色，初级飞羽及尾羽黑色；虹膜褐色；喙黄色，尖端黑色；脚黄色。

生态习性：常集数十只小群活动。栖息于河滩、农田、沼泽近水开阔地。取食昆虫、草籽和植物嫩芽。飞行速度较缓慢，常边飞边鸣叫，繁殖期发出“krech-krech-krech”的短促叫声。繁殖期 5~7 月，营巢于石滩地面浅坑。

分布状况：为我国北方地区夏候鸟，南方地区冬候鸟，迁徙时经过我国中部、东部地区；陕西省渭河谷地常见；陕师大长安校区上空偶见。

居留型：夏候鸟。

灰头麦鸡 廖小凤 摄

鹬科 Scolopacidae

中小型涉禽，全球 15 属 97 种，我国分布 12 属 51 种。喙形多样，由于不同栖息地和觅食需要而演化出长度和形状多样的生态型。体羽大都暗淡或具斑驳，适于隐蔽。跗跖被盾状鳞，多具四趾。飞羽和尾羽稍为尖短，喜结群，善于长距离飞行。为长距离迁徙的典型代表类群，在北半球高纬度繁殖，迁徙多沿海岸线或河川湿地，迁徙和越冬均遍布全球各地。飞行时伴有鸣叫，声尖锐。交配制度多样化的代表类群，其中一雌多雄的繁殖力最高，同属内存在多种交配制。多数种类营地面巢于沼泽和河川附近草丛。巢简陋，窝卵数 4 枚，早成鸟。陕师大校园分布 1 种。

Scolopax rusticola

丘鹬

Eurasian Woodcock

三有保护

形态特征：体长 33~38 cm。整体棕红色，形似沙锥，头顶呈暗褐色，有 3~4 道黑灰色粗横纹，眼位于头侧后部，喙长且直；胸腹部为浅黄褐色且具有较窄的黑色横纹；背、两翼、腰和尾上覆羽呈棕黄色，尾部有黑色次端斑和深褐色端斑，腿短；虹膜深褐色；喙基部偏肉粉色而端黑；脚灰粉色。

生态习性：多单独活动。常栖息于阔叶林和混交林，有时也见于林间沼林缘灌丛地带。主要以昆虫、蜗牛等小型无脊椎动物为食。夜行性，性孤僻隐蔽，飞行时喙朝下，身子摇晃不定而显得笨拙。占域飞行时雄鸟发出“oo-oort”的嘟哝声，紧接着发出具爆破音的尖叫，惊飞时发出刺耳的“schaap”声。繁殖期 3~7 月，营巢于灌丛下的地面浅坑。

分布状况：为中国北方地区夏候鸟，南方地区冬候鸟，迁徙时经过我国中部地区；陕西省汉江流域偶见；陕师大长安校区罕见（2022 年 10 月记录 1 只，2023 年 4 月记录 1 只）。

居留型：旅鸟。

丘鹬 向定乾 摄

鸮形目 STRIGIFORMES

夜行性猛禽。全世界 2 科 28 属 248 种，全球广布。中国 2 科 12 属 32 种，遍布全国。喙钩形，基部具蜡膜。眼大且向前，眼周具面盘，耳孔大且左右不对称，部分种类具耳羽簇，适于夜视及感知声音，飞行无声。腿健壮而被羽，转趾型。雌雄同色，体羽柔软，以褐、灰和棕色为主，适于昼间隐蔽。少数种类具迁徙习性。多单独或成对栖息于热带至温带的森林，也见于荒漠、草原等开阔生境。营巢于树洞或岩洞内，雏鸟为晚成鸟。主要以鼠类、鸟类和昆虫等为食。

鸱鸮科 Strigidae

夜行性猛禽，小至中型，少数为大型。全球 23 属 229 种，我国 10 属 29 种。头部宽大，喙短而硬、先端具钩，与利爪一同适于抓捕觅食。眼大适于夜视，具双瞳视觉并向前聚光，眼周具放射状细羽构成的面盘，头可旋转 270 度；喙基具蜡膜、略被硬羽覆盖；耳孔特大且常两侧不对称，周缘具耳羽，有利于夜间捕食感知声波，单凭声音定位猎物。体羽松散且柔软，飞行时无声，双翅宽阔，尾羽短圆；异趾足，腿短壮，栖止时不可见，跗跖被羽达趾部。营巢于树洞或岩石缝隙，窝卵数 1~7 枚，晚成鸟。陕师大校园分布 5 种。

Glaucidium cuculoides

斑头鸺鹠

Asian Barred Owlet

形态特征：体长 22~25 cm 的小型鸮类，雌雄相似。通体棕褐，头顶具白色横斑，面盘不明显，无耳羽簇，头后无伪眼；头颈两侧及翅褐色，密布细棕白色横斑；胸部具褐色横斑，腹部白色具褐色点状纵纹；尾羽灰褐具白色横斑，尾下覆羽白色，跗跖被羽；虹膜黄色；喙黄色；脚黄色。

生态习性：常单独或成对活动。栖息于山地及丘陵的阔叶林和混交林中，有时也见于村落附近。主要取食昆虫，也捕食小型鸟类、鼠类、蛙和蜥蜴等。全天性活动，以昼行性为主。鸣声为一连串金属音质的“a-a-a-a”声。繁殖期 3~8 月，营巢于树洞或洞穴中。

分布状况：分布于中国华南、华中、东南及西南等地；陕西省分布于关中平原以南；陕师大长安校区格物楼西侧树林偶见。

居留型：留鸟。

斑头鸺鹠 费艺帆 摄

Athene noctua

纵纹腹小鸮

Little Owl

三有保护

形态特征：体长约 21~23 cm 的小型鸮类，无耳羽簇。通体棕褐色，头顶较平并具细密白点，具粗壮的浅色眉纹，白色

髭纹较宽；腹部灰白且具褐色纵纹；背部褐色，具白色点斑；虹膜亮黄色；喙黄色；脚被羽，灰白色。

生态习性：通常单独或成对活动。栖息于低山丘陵、林缘灌丛和平原森林地带，也出现在农田、荒漠和村庄附近。主要以鼠类、昆虫为食。昼行性为主，晨昏较活跃。鸣声为嘹亮的一声一度的“wen-wen”声。繁殖期 3~8 月，营巢于岩洞、崖壁缝隙、空心树等洞穴中，有记录与仓鸮、红隼和鹪鹩共享巢树，也见使用人工巢箱。

分布状况：广泛分布于中国西部及北方大部地区；陕西全省可见；陕师大校园仅文献记录，近年未见。

居留型：留鸟。

纵纹腹小鸮　于晓平　摄

Asio otus

长耳鸮

Long-eared Owl

三有保护

形态特征：体长 35~40 cm 的中型鸮类。通体褐色而斑驳，面盘皮黄色，中央具明显的浅色 X 形，具长耳羽簇；上体褐色，具斑驳且深浅不一的斑块；下体皮黄具深褐色纵纹及杂纹；飞行时具明显的腕斑；黄褐色尾羽具深色横纹；虹膜橙红色；喙角质灰色；脚被羽，偏粉色。

生态习性：单独或成对活动，迁徙期间和冬季常集小群活动。栖息于针叶林、针阔混交林和阔叶林等各种类型的森林，也出现于林缘疏林、农田防护林和城市公园。肉食性，以鼠类等啮齿动物为食，也取食小型鸟类、哺乳类和昆虫。夜行性。繁殖期常于夜间鸣叫，其声低沉而长，似不断重复的"wu-wu-"声。繁殖期 3~7 月，营巢于其他鸟类的旧巢，偏好鸦科和某些鹰隼的旧巢。

分布状况：繁殖于中国东北、华北和西北地区，越冬于长江流域以南的东南沿海地区，部分在北方为留鸟；陕西全省偶见；陕师大校园仅文献记录，近年未见。

居留型：冬候鸟。

长耳鸮 廖小青 摄

Asio flammeus

短耳鸮

Short-eared Owl

三有保护

形态特征：体长 34~42 cm 的中型鸮类。成鸟棕色面盘显著，外喙白色，耳羽簇较短且不明显，眼上及眼下连接成 X 形白色斑纹；胸部、腹部棕黄色具稀疏的深褐色纵纹；飞行时似长耳鸮，但翅尖黑色较明显；虹膜黄色；喙深灰黑；脚灰白。

生态习性：越冬期有时集小群。栖息于低山、丘陵、苔原、荒漠、平原、沼泽、湖岸和草地等各类生境，尤以开阔平原草地、沼泽和湖岸地带较多见。主要以鼠类等小型哺乳动物为食，也取食小鸟、蜥蜴和昆虫。常在晨昏活动，但也在白天活动，

短耳鸮 廖小凤 摄

多栖息于地上或潜伏于草丛中，飞行较缓慢，飞行和滑翔常交替进行。偶发出一连串的“gu-gu-gu-gu”声。繁殖期 4~6 月，营巢于地面草丛中。

分布状况：除青藏高原外广泛分布于中国大部分地区，东北北部地区为夏候鸟，多数地区为旅鸟或冬候鸟；陕西全省可见；陕师大校园仅文献记录，近年未见。

居留型：冬候鸟。

Bubo bubo

雕鸮

Northern Eagle Owl

Ⅱ级保护

形态特征：体长 58~71 cm 的大型鸮类，雌雄相似。成鸟通体棕褐色而具深色斑纹，具棕色面盘，有明显的深褐色耳羽簇；背部褐色具深褐色斑纹；胸部及腹部淡黄褐色具深褐色纵纹；尾羽黄褐色具深褐色横斑；虹膜橙红色；喙灰黑；脚被羽，暗黄色。

生态习性：常单独活动。栖息于山地森林、平原、荒原、疏林、裸露高山峭壁等多种环境。主要以鼠类为食，也捕食鸟类、蛙类和昆虫等。偶发出深邃的“wu-wu”两声一度的叫声。夜行性为主。繁殖期 4~6 月，营巢于树洞或峭壁凹处。

分布状况：中国除海南和台湾外均有分布；陕西全省分布；陕师大校园仅有文献记录，近年未见。

居留型：留鸟。

雕鸮 于晓平 摄

鹰形目 ACCIPITRIFORMES

体形大小不一的昼行性猛禽。全世界共4科75属266种，全球广布。中国2科24属55种，全国广布。喙强壮，弯曲呈钩状，上喙具锤状突或双齿突，基部覆蜡膜。翼型尾型多样，善飞行。脚大多强健有力，具锋利而弯曲的爪，利于捕食猎物。雌雄大多同色，一般雌性个体较雄性大，羽色多以褐、白、黑和棕色为主。多数种类具有迁徙习性。栖息环境复杂多样，见于森林、草原、荒野，直至湖泊、河流等地。肉食性为主，捕捉昆虫、鱼类、两栖爬行类、鸟类甚至中小型哺乳动物，或食腐，或食植物果实。繁殖期大多成对活动。

鹰科 Accipitridae

中至大型猛禽，全球71属250种，我国23属54种。喙强大，基部具蜡膜，上喙钩曲，有利于撕碎食物。鼻孔开口于蜡膜，或被须羽掩盖。翅稍短且宽阔，扇翅翱翔飞行，节奏不及隼科。大多跗跖部较长且粗壮、近于胫部长度，趾端具钩曲的利爪，善于抓捕和进食。雌鸟显著大于雄鸟。体羽灰褐或黑褐色，昼间活动，栖息和活动环境多样，捕食啮齿类或其他小型鸟类，对保持生态系统平衡有重要作用。营巢于崖缝、乔木顶端或草丛地面隐蔽处，窝卵数3~5枚，晚成鸟。陕师大校园分布5种。

Accipiter trivirgatus

凤头鹰

Crested Goshawk

Ⅱ级保护

形态特征：体长30~46 cm的中型猛禽，雌雄相似。成鸟头部至背部为灰色，顶部具有较为明显的褐色羽冠；喉部白色，并具有一条深褐色的喉中线，具深褐色髭纹；胸部、腹部白色，胸部具棕褐色纵纹，腹部具棕褐色横斑；翅型宽大，翼指6枚，不明显；翼下、尾部具有深色横斑，飞翔时可观察到蓬松而明显的白色尾下覆羽；幼鸟头部灰褐色，羽冠较短，尾下覆羽不明显，胸部、腹部斑纹不规整，呈心形；成鸟虹膜黄色至橙红色，幼鸟虹膜褐色；喙灰黑；蜡膜黄色；脚黄色。

生态习性：常单独活动。主要以小型脊椎动物等为食。栖息于低海拔的山地密林、林缘和植被良好的园林，偶至平原和城区公园地带。有时发出单调而尖厉的“zei-zei”声。繁殖期

4~7 月，营巢于离地 9~45m 的高大树木上，通常靠近小溪或池塘等水域。

分布状况：中国分布于西南、华南、华东地区及海南、台湾；陕西省分布于关中平原以南；陕师大两校区偶见，曾见于长安校区格物楼西侧树林、雁塔校区崇鋈楼至图书馆附近绿化带。

居留型：留鸟。

凤头鹰　费艺帆　摄

Accipiter nisus

雀鹰

Eurasian Sparrow Hawk

Ⅱ级保护

形态特征：体长 28~40 cm 的中型猛禽。雄鸟上体灰色，颊部橙棕色，部分个体具白色眉纹，颏和喉部具细纵纹；翼下

覆羽、腋羽、飞羽具暗褐色横斑；下体白色，密布浅红褐色横纹，尾具 4~5 道深色横带；雌鸟上体褐色，颊部乳白色，具白色眉纹，下体白色，胸、腹、腿羽具灰褐色横纹；幼鸟体羽具赤褐色羽缘，头顶至后颈栗褐色，背至尾上覆羽暗褐色，喉黄白色，胸具斑点状纵纹，胸以下具褐色横斑。其余似成鸟；虹膜黄色至橙红色；喙浅灰色，尖端黑色，基部黄绿色；蜡膜黄色或黄绿色；脚橙黄色。

生态习性：常单独活动，迁徙时偶尔集成松散小群。栖息于各种类型的林地，包括针叶林、混交林、落叶林和较开阔的林缘地带，在城市中也不罕见。主要以中小型鸟类为食，猎物种类繁多。鸣叫为“kek-kek-kek-kek”声。繁殖期 4~6 月，多营巢于针叶林或混交林空地附近的树上。

分布状况：广布于中国各地；陕西全省分布；陕师大长安校区偶见于格物楼北侧草坪。

居留型：留鸟。

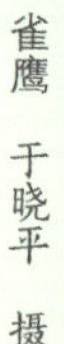

雀鹰 于晓平 摄

Circus cyaneus

白尾鹞

Hen Harrier

Ⅱ级保护

形态特征：体长 42~50 cm 的中型猛禽。雄鸟耳羽后下方具一圈不甚明显的灰白色环围绕面部，头部、颈部、上胸灰色，翼尖黑色，下胸及腹部白色，尾羽灰色；雌鸟整体棕褐色，耳羽后下方有一圈明显浅色环围绕面部，胸部、腹部为黄褐色，具有明显棕色纵纹，翼下具明显横纹，尾上覆羽白色明显；幼鸟似雌鸟，通体羽色较浅；雄鸟虹膜橙黄色，雌鸟虹膜黄色，幼鸟虹膜淡棕色至黄色；喙灰黑；成鸟蜡膜黄色，幼鸟蜡膜黄绿色；脚黄色。

生态习性：常单独活动或成对活动。常栖息于草地或灌木覆盖的开阔地区，包括多草沼泽、芦苇地、草原、草地和耕地等地带，冬季栖息地类型更多样。主要以小型脊椎动物为食，尤其是田鼠、老鼠等小型哺乳动物。通常不叫，偶尔发出连续的“wei jiu、wei jiu”声。繁殖期 4~7 月，营巢于地面、茂密灌丛或农作物、沼泽植被中。

分布状况：繁殖于中国东北、西北地区，越冬于长江流域及其南部大部分地区；陕西全省分布；陕师大长安校区冬季偶见。

居留型：冬候鸟。

白尾鹞（雌） 吴宗凯 摄

Milvus migrans

黑鸢

Black Kite

Ⅱ级保护

形态特征：体长 44~66 cm 的中大型猛禽，雌雄相似。通体深褐色，两翼宽大；翼下具较明显的白斑；尾羽中部内凹呈叉状，似鱼尾；成鸟腹部褐色，具不甚明显的深色纵纹；幼鸟腹部褐色，密布白色纵纹；虹膜褐色；喙灰黑；蜡膜黄色；脚黄色。

生态习性：单独或集群活动。常栖息于开阔草原、低山丘陵、城郊耕地、河流湿地等地带。主要以小型哺乳动物、小型鸟类和动物尸体为食。鸣叫频繁嘈杂，包括尖叫声后接拖长的“kleeeeeerrrrr”声和嘶哑的“ca-ca-”声，尾音多颤音。繁殖期 4~7 月，营巢于树杈上，有时也在悬崖上筑巢。

分布状况：广泛分布于中国大部分地区；陕西全省分布；陕师大校园偶见。

居留型：留鸟。

黑鸢 于晓平 摄

Buteo japonicus

普通鵟

Eastern Buzzard

Ⅱ级保护

形态特征：体长 42~54 cm 的中大型猛禽。雌雄相似。体色变化较大，可分为浅色型、棕色型、深色型 3 种，以棕色型较为常见；成鸟通体黄褐色，头部较圆，多为褐色；胸部皮黄色，少斑纹；腹部皮黄色，多深褐色斑块；翼较宽大多褐色，背部、翼上褐色，翼上无明显翅窗；尾羽褐色，尾下色浅，尾下覆羽皮黄色，几乎无斑纹；虹膜黄至褐色；喙黑色，基部灰绿色；蜡膜黄色；脚黄色。

普通鵟 于晓平 摄

生态习性：常单独或成对活动。栖息于低山丘陵、山脚平原等地带，冬季常在村庄、农田、荒地附近活动。主要以鼠类为食，有时也捕食小型鸟类、蛙类、蛇类等。有时发出响亮且尖锐的“vi-vi”声。繁殖期 4~7 月，营巢于林缘或林中高大的树上。

分布状况：广布于中国各地；陕西全省可见；陕师大长安校区迁徙季及冬季偶见。

居留型：冬候鸟。

犀鸟目 BUCEROTIFORMES

中至大型攀禽。全世界4科19属74种，分布旧大陆和澳洲界北部。中国2科6属6种。喙长而弯，基顶部常具盔突。脚强健，前趾基部连并。翅大而强健，尾长且多为圆形。雌雄大多同色，体羽以黑、白、棕色为主。多数为留鸟，少数具迁徙习性。多活动于森林或开阔平原。营巢于树洞中，繁殖期雌鸟会被雄鸟以土封堵穴内，雄鸟于洞外饲喂。多以植物果实及嫩芽、两栖爬行类、小型鸟类和哺乳动物等为食。

戴胜科 Upupidae

中型攀禽，全球 1 属 3 种，我国 1 属 1 种。扇状冠羽，体形纤细，喙细长、先端下弯；翅宽且短圆，尾长适中呈楔形；并趾形，后爪长于中爪。栖息于宽阔的旷野平原或森林，地面取食。营巢于树洞或岩缝，窝卵数 5~8 枚，雌雄轮流孵化育雏，晚成鸟。陕师大校园分布 1 种。

Upupa epops

戴胜

Eurasian Hoopoes

三有保护

形态特征：体长 25~32 cm，雌雄相似。头顶有具黑色端斑和白色次端斑的长羽冠，头颈及上背部肉桂橙色；腹部颜色浅棕灰色，腰白色，两翼具黑白相间的横纹，尾羽黑色，中部具白色横斑；虹膜暗褐色；喙黑色，长而略下弯；脚灰黑色。

生态习性：常单独或成对活动。栖息于开阔林地、平原和耕地附近。杂食性，主要以昆虫为食。性活泼，常在地面挖掘昆虫。鸣声为轻柔的“gu-gu”单音调叫声。 繁殖期 4~6 月，营巢于树洞或岩壁缝隙。

分布状况：常见于中国大部分地区；陕西全省广泛分布；陕师大长安校区草坪偶见。

居留型：留鸟。

戴胜　于晓平　摄

佛法僧目 CORACIIFORMES

小至大型攀禽。全世界 6 科 35 属 178 种，遍布于全球热带和亚热带区域，少数见于温带。中国 3 科 11 属 23 种，除少数种类外多见于南方各地。喙形多样，长且有力，头大而颈短，翅短圆。脚短弱，并趾型。雌雄大多同色，体羽较为艳丽，常具结构色。绝大多数不具迁徙习性。多栖息于河流、湖泊、森林等生境。树栖性，营巢于洞中。雏鸟为晚成鸟。主要以昆虫、鱼虾、两栖爬行类和植物果实等为食。

翠鸟科 Alcedinidae

中小型攀禽，全球 18 属 117 种，我国分布 7 属 11 种。适于捕食鱼类的水生攀禽，外形略似啄木鸟但长形尾羽短圆，善于快速地在水面直线飞行；喙粗且长直、先端尖锐，常为红色；腿短而弱，并趾型，外趾与中趾更多相并；体羽紧密，羽色鲜艳，性单型。分为林栖或近水栖两类，繁殖期营巢于树洞或河岸洞穴。窝卵数 6~9 枚，晚成鸟。陕师大校园分布 2 种。

Alcedo atthis

普通翠鸟

Common Kingfisher

三有保护

形态特征：体长 16~18 cm 的小型翠鸟，雌雄相似。成鸟头部呈深蓝绿色，具亮蓝色点状斑纹；眼先及耳覆羽橙色，耳后具白斑，喉部白色；背部亮蓝色，两翼墨蓝色具亮蓝色斑点，胸腹部橙色；幼鸟体色较成鸟黯淡；虹膜暗褐色；雄鸟喙黑色，雌鸟上喙黑色，下喙橙色，端部黑色；脚橙红色。

生态习性：常单独或成对活动。栖息于林地溪流与河岸等多种类型水域附近。杂食性，主要以鱼类及水生昆虫为食。常静立于水边的树枝或岩石上，发现浮上水面的鱼类后俯冲入水中捕食。鸣叫为带金属质感的“zir-zir”。繁殖期 5~8 月，营巢于河岸附近的土壁、岸壁、沙坑，偶见于墙洞、腐烂树坑中，挖掘约 0.5~0.9 m 长的笔直隧洞。

分布状况：常见于中国西北及中东部地区；陕西全省分布；陕师大校园水域附近偶见。

居留型：留鸟。

普通翠鸟 费艺帆 摄

Megaceryle lugubris

冠鱼狗

Crested Kingfisher

三有保护

形态特征：体长 38~43 cm 的黑白色大型翠鸟，雌雄相似。成鸟头顶具明显的缀满白色斑纹的黑色羽冠，喙基部下方具黑白色的髭纹，同黑白色胸带相连，胸带与髭纹有时带有少量棕色；颏喉部白色，喙基部下方至后颈具白色的领环；翼下棕色；上体黑白相间，遍布细小白斑；下体白色，两胁及尾下覆羽具黑色横斑；虹膜褐色；喙和脚黑色。

生态习性：常单独或成对活动。主要栖息于水流湍急的岩石或砾石底质河道和溪流。主要以鱼类为食。常停栖在水域附近的岩石或电线上，发现鱼类则扎入水中捕捉，飞行沉稳有力。鸣声为短促而干涩的“ji”声。繁殖期 4~7 月，营巢于垂直的沙质河岸上，挖掘 2~3 m 长的巢洞。

分布状况：中国见于东北到华南的大部分地区；陕西省分布于黄土高原以南；陕师大校园偶见。

居留型：留鸟。

冠鱼狗　于晓平　摄

啄木鸟目 PICIFORMES

林栖性中小型攀禽。全世界 9 科 71 属 445 种，遍布除大洋洲之外的全球各地。中国 3 科 19 属 43 种，拟啄木鸟和响蜜䴕见于南方森林，啄木鸟广布于全国。喙强健，大多呈锥状。舌具较长逆钩，利于钩食树皮下的昆虫。脚短而强健，对趾型，善攀爬。两翼多短圆，尾较长，多为楔尾或平尾，大多具坚硬羽干，啄木时利于支撑。雌雄多为同色。少数种类具迁徙习性。主要栖息于温带至热带森林。营巢于树洞。雏鸟为晚成鸟。以昆虫、植物种子等为食，响蜜䴕科则喜食蜂蜜且具寄生习性。

啄木鸟科 Picidae

中小型攀禽，全球 34 属 235 种，我国 16 属 33 种。喙如凿锥状，粗壮且长硬；舌细长能伸缩，有黏液，舌尖有成排倒刺钩，适于取食树洞内昆虫；对趾足，尾羽具坚硬的羽干，适于攀爬啄木时起支撑作用。大多为树栖，多在树干凿洞营巢，窝卵数 3~5 枚，晚成鸟。陕校园分布 6 种。

Jynx torquilla

蚁䴕

Wryneck

形态特征： 体长 16~17 cm 的小型啄木鸟。通体棕灰色密布杂斑，贯眼纹深褐色，头、后颈及背部灰色，肩部具两条不明显的深色条纹；喉及胸部淡棕色，具细黑色横纹；腹部灰白具黑色斑纹；两翼及尾羽灰褐色，杂具黑白色蠹状斑；虹膜褐色；喙棕灰色；脚黄褐色。

生态习性： 常单独或成对活动。栖息于混交林和阔叶林的开阔林地、林间空地、低矮灌丛。主要以蚂蚁等昆虫为食。常活动于疏林地面，不錾木，呈波浪状飞翔。繁殖期有时发出“ji-ji-ji”的响亮尖锐鸣声。繁殖期 5~6 月，营巢于天然树洞、其他啄木鸟的弃巢或人工巢箱。

分布状况： 广泛分布于中国大部分地区；陕西省见于鄂尔多斯高原以外地区；陕师大校园春秋偶见，近年秋迁季见于长安校区格物楼西侧和教育博物馆北侧林地。

居留型： 旅鸟。

蚁䴕 赵纳勋 摄

Picumnus innominatus

斑姬啄木鸟

Speckled Piculet

三有保护

形态特征：体长 9~10 cm 的小型啄木鸟。雄鸟前额至后颈棕色，前额缀橘黄色，白色眉纹延伸至颈侧，深褐色贯眼纹自眼先经耳羽延伸至颈侧，其下有一白色条纹，深褐色颊纹延伸至胸侧；下体白色，胸部及两胁具黑色斑点，背部及两翼橄榄绿色，中央尾羽白色，其余尾羽黑色具白色末端；雌鸟前额无橘黄色，其余体色似雄鸟；虹膜褐色；喙黑色；脚灰色。

生态习性：常单独活动或混在其他鸟群中。主要栖息于低山丘陵、山脚平原的常绿阔叶林、混交林、次生林、竹林、灌丛。主要以蚂蚁等昆虫为食。常倒挂在枝条上，沿垂直的细长树枝觅食。錾木声缓慢而连续，鸣声为“zi-zi-zi-zi”的快速金属音。繁殖期 1~5 月，营巢于枯枝、竹子或小树树洞中。

分布状况：中国于西藏、云南和华中、华东地区均有分布；陕西省见于黄土高原以南；陕师大校园迁徙季节偶见，曾见于格物楼西侧树林。

居留型：留鸟。

斑姬啄木鸟 于晓平 摄

Picus canus

灰头绿啄木鸟

Grey-faced Woodpecker

三有保护

形态特征：体长 27~33 cm 的大型啄木鸟。雄鸟前额及头顶朱红色，眼先及颊纹黑色，枕部及后颈灰黑具黑色条纹；背及覆羽橄榄绿色，初级飞羽黑色具白色横斑；胸部及腹部灰绿

色，腰及尾上覆羽黄绿色，尾羽黑褐色具白色横斑；雌鸟前额及头顶黑色，其余体色似雄鸟；虹膜黄色；喙灰色；脚灰色。

生态习性：常单独或成对活动。栖息于低海拔林地、林缘、村庄、公园等。杂食性，主要以昆虫为食，偶尔也取食植物果实及种子。錾木，觅食时由树干基部螺旋上攀。叫声为连续响亮的“ga-ga-ga-ga”声。繁殖期 4~6 月，营巢于枯木或木质软的活木树洞中。

分布状况：常见于中国大部分地区；陕西全省常见；陕师大长安校区较常见于田家炳会堂西侧树林、不高山附近；陕师大雁塔校区教学区树林偶见。

居留型：留鸟。

灰头绿啄木鸟（雌） 于晓平 摄

灰头绿啄木鸟（雄） 廖小青 摄

Yungipicus canicapillus

星头啄木鸟

Grey-capped Pygmy Woodpecker  三有保护

形态特征：体长 14~16 cm 的小型啄木鸟。雄鸟前额及头顶黑色，眼先、耳羽及颊纹黑褐，与颈侧黑斑相连，枕部及后颈黑色，枕侧有红色条纹，常隐于枕部羽毛而不可见；上背黑色，覆羽黑色具白色羽端，飞羽黑色具白斑；胸部及腹部灰色具黑色纵斑，尾羽黑色，最外侧尾羽白色具黑色横纹；雌鸟枕侧无红色条纹，其余体色似雄鸟；虹膜褐色；喙灰色；脚灰色。

生态习性：常单独或成对活动。栖息于山地或平原森林、竹林、次生林、公园等环境。杂食性，主要以昆虫为食。錾木，錾木声低细而迅速。发出“zhi”的单音节或连续细弱叫声。繁殖期 4~6 月，营巢于树洞。

分布状况：常见于中国中部和东部地区；陕西全省广泛分布；陕师大两校区常见。

居留型：留鸟。

星头啄木鸟 于晓平 摄

Dendrocopos hyperythrus

棕腹啄木鸟

Rufous-bellied Woodpecker

三有保护

形态特征：体长20~25 cm的中型啄木鸟。雄鸟眼先、耳羽及颏部白色，头顶及枕部红色，后颈中部黑色，颈部其余部分棕色，背部及两翼黑色具白色横纹，胸部及腹部棕色，尾下覆羽红色，尾羽黑色，最外侧尾羽白色具黑色横纹；雌鸟头顶及枕部黑色，杂具白斑，其余体色似雄鸟；虹膜褐色；上喙黑色，下喙淡黄；脚灰色。

生态习性：常单独或成对活动。栖息于低海拔至中高海拔多种类型林地。杂食性，主要以昆虫为食。錾木，錾木有声，叫声为长短不一的高频“ker-ker-ker”声。繁殖期4~6月，营巢于松树树干上的树洞。

棕腹啄木鸟　肖欣悦　摄

分布状况：分布于中国东南部、东北部和中部地区。在西藏东南部、四川、云南等地有记录。陕西省见于秦岭北坡以南；陕师大校园极罕见（仅2023年9月21日于雁塔校区记录1只）。

居留型：旅鸟。

Dendrocopos major

大斑啄木鸟

Great Spotted Woodpecker

三有保护

形态特征：体长20~24 cm的中型啄木鸟。雄鸟头顶黑色，枕部红色，黑色颊纹延伸至颈侧与耳羽后缘，形成Y形条纹；头颈部其余部分白色或棕灰色，背部黑色，翼内侧具由数枚白色覆羽形成的白色大条带，飞羽黑色具数条白色横纹；喉胸部至腹部灰褐色或白色；下腹至尾下覆羽红色，尾羽黑色；最外侧尾羽白色具黑色横纹；雌鸟体色似雄鸟但枕部黑色；虹膜褐色；喙灰黑色；脚灰黑色。

大斑啄木鸟（雌） 于晓平 摄

生态习性：常单独或成对活动。栖息于山地、平原的各种类型的森林中。杂食性，主要以昆虫为食。錾木，錾木声短而急促。叫声为响亮的单音节“zha、zha”声。繁殖期 4~5 月，营巢于树洞，每年啄凿新巢，一般不用旧巢。

分布状况：常见于中国大部分地区；陕西全省广泛分布；陕师大两校区较常见。

居留型：留鸟。

大斑啄木鸟（雄） 廖小凤 摄

隼形目 FALCONIFORMES

中小型昼行性猛禽。全世界共 1 科 11 属 66 种，全球广布。中国 1 科 2 属 12 种，全国广布。喙强健而具利钩，善于抓捕及撕食猎物。体呈锥状，两翼尖长且强有力，尾较长，为圆尾或楔尾，善于疾飞及翱翔。大多雌雄同色或羽色有细微差异，体羽大多灰、褐或黑色。部分种类具迁徙习性。栖息于林缘和开阔生境。以枯枝营巢于高树或岩缝，常利用其他鸟类的旧巢。多以昆虫、鸟类和啮齿动物为食。除繁殖期外大多单独活动。

隼科 Falconidae

喙较短，侧方有齿突，尖端钩曲；鼻孔圆形，其间有一柱状骨棍；翅较狭尖，扇翅节奏快；尾羽稍长，一般呈圆形或凸尾状；跗跖较短且粗壮，趾稍长且强有力，钩形爪极锐利。大多栖息于开阔旷野、耕地或稀疏林缘；视力敏锐，善疾飞和翱翔，能够在迅速飞行中捕食空中或地面猎物。营巢于树干或岩壁洞穴中，有些种类利用其他鸟类的旧巢。窝卵数 2~6 枚，晚成鸟。陕师大校园分布 2 种。

Falco tinnunculus

红隼

Common Kestrel

三有保护

形态特征：体长 27~35 cm 的小型猛禽。成年雄鸟头部灰色，脸颊白色，眼下具黑色髭纹，胸腹部皮黄色，具深褐色纵纹，背部及次级覆羽、三级飞羽砖红色，具有深褐色斑纹，翅上余部黑色，翅下密布点斑；成年雌鸟体形较雄性略大，头部灰褐色，背部褐色且多粗横斑，下体多黑色纵纹；亚成鸟似雌鸟，但纵纹较重；虹膜褐色；喙灰色而端部黑色；蜡膜黄色；脚黄色。

生态习性：常单独或成对活动。栖息于山地森林、林缘、低山丘陵、山脚平原和农田等地带。主要以鼠类为食，有时也捕食小型鸟类、蜥蜴、蛙类和昆虫等。飞翔时两翅快速地扇动，偶尔进行短暂的滑翔，可在空中振翅悬停。鸣叫为一串尖锐的“qi-qi-qi”声。繁殖期 3~6 月，营巢位置多样，包括岩石表面、建筑物突出部分、树洞、其他鸟类的旧巢和巢箱等。

分布状况：中国分布范围广泛；陕西全省常见；陕师大校园上空偶见。

居留型：留鸟。

红隼（雄） 廖小青 摄

红隼（雌） 于晓平 摄

Falco peregrinus

游隼

Peregrine Falcon

形态特征：体长 36~58 cm 的中型猛禽，雌雄相似，体形较为壮实。成鸟眼周黄色，颊具黑色髭纹，头至后颈部黑灰色，上体蓝灰色，下体白色，下胸至尾下覆羽及翅下密布黑色横纹；幼鸟与成鸟相似，体色偏褐，腹部为纵纹；虹膜黑色；喙铅灰色；蜡膜黄色；腿及脚黄色。

生态习性：常单独活动。见于草原、湿地、山地、低山丘陵和海岸等多种开阔生境。以中小型鸟类为食，有时也捕食鼠类、野兔等小型兽类。鼓翼飞翔时穿插着滑翔，也常在空中翱翔。鸣叫为嘶哑而单调的“ga-ga-ga ”声。繁殖期 3~6 月，营巢于悬崖或人工建筑上。

分布状况：中国广泛分布；陕西全省可见；陕师大校园迁徙季节罕见，曾见于长安校区家属区。

居留型：旅鸟。

游隼　于晓平 摄

雀形目 PASSERIFORMES

中小型鸣禽。全世界广泛分布，共 63 科，占全部鸟类种数的 60%。占现存鸟类的绝大多数，为鸟类中最高等的类群，在鸟类进化的历史中较其他各目出现晚，并处于剧烈的辐射进化阶段，因而种类繁多。鸣管结构及鸣肌复杂，大多善于鸣啭，叫声多变悦耳。腿细弱，跗跖后缘鳞片常愈合为整块鳞板，足离趾型。雀腭型头骨。主要栖息于森林、草原、农田、荒漠、公园和居民区等生境中。营巢于树上、地面、树洞、草丛、灌丛、建筑物和天然洞穴等，巢多精巧。常有复杂的占区、营巢、求偶行为。雏鸟为晚成鸟。食物多为杂食性，繁殖期多以昆虫及其幼虫为食。

黄鹂科 Oriolidae

中型鸣禽，全球 4 属 41 种，我国 1 属 7 种。喙形粗厚，喙峰下弯，上喙尖端具缺刻，具细短喙须，鼻孔裸露但盖有薄膜；翅尖长，尾短且呈凸型；跗跖短而弱，爪稍长而弯曲。羽色艳丽，多为黄、红、黑色组合，雌雄稍有差别，雌鸟与幼鸟多具条纹。树栖型，营巢于高大树冠，窝卵数 2~5 枚，晚成鸟。分布于温带和热带地区，陕师大校园分布 1 种。

Oriolus chinensis

黑枕黄鹂

Black-naped Oriole

三有保护

形态特征：中等体形（23~28 cm）的黄黑色鹂。体羽大多亮黄色，黑色粗贯眼纹从眼先延伸至后枕，翅主要为黑色，部分飞羽和覆羽末端和羽缘带黄色，次级和三级飞羽黄色较多；尾羽黑色，除中央一对尾羽，其余尾羽具宽阔的黄色端斑；雌鸟色较暗淡，背橄榄黄色；亚成鸟上体黄绿色，翅上黄色较多，下体近白而具黑色纵纹；虹膜红色；喙粉红色；脚近黑。

生态习性：常单独或成对活动，有时也见呈 3~5 只的松散小群。栖息于低海拔阔叶林、针叶林、混交林、林缘、竹林、人工林、公园、果园、花园和沿海树林等多种较开阔的生境。主要以植物果实和昆虫为食，偶见捕食小型脊椎动物。在高大乔木的树冠层活动。飞行呈波浪式，振翼幅度大，缓慢而有力。繁殖期间喜欢隐藏在树冠层枝叶丛中鸣叫，鸣声清脆婉转，富有弹音，并且能变换腔调和模仿其他鸟的鸣叫。

清晨鸣叫最为频繁，有时边飞边鸣。繁殖期 6~7 月，营巢于高处被茂密枝叶遮蔽的水平树枝上。

分布状况：中国广泛分布于除西藏、新疆、青海和甘肃西部外的大部分地区；陕西全省广泛分布；陕师大长安校区夏季偶见，曾见于格物楼西侧树林。

居留型：夏候鸟。

黑枕黄鹂 田宁朝 摄

卷尾科 Dicruridae

中型鸣禽，全球 1 属 28 种，我国 1 属 7 种。喙基宽阔，上喙尖端下弯具锐钩，口须发达，鼻孔被羽；翅宽长而稍尖，尾呈深叉状，外侧尾羽向上卷曲，或羽轴裸露且羽干轴延长，呈现末端盘状尾。飞行快捷灵活，如蝴蝶般翩舞。跗跖短健，趾粗壮，爪钩状。性格凶猛好斗，尤其在繁殖期，以强化护巢。营巢于高树上，碗状巢，窝卵数 3~4 枚，晚成鸟。陕师大校园分布 1 种。

Dicrurus hottentottus

发冠卷尾

Hair-crested Drongo

三有保护

形态特征：体长为 25~32 cm 的中大型卷尾；通体黑色，具蓝绿色金属光泽；颈部具蓝绿金属光泽的披针状羽毛，前额具丝状羽冠；叉状尾，最外侧一对尾羽末端向内上方卷曲；虹膜暗红色；喙及脚黑色。

生态习性：单独或成对活动，很少成群。栖息于常绿阔叶林、落叶林、次生林和茂密灌丛，喜林间空地和林缘开阔地带，迁徙时也出现在公园或花园等地。主要以昆虫和花蜜为食。主要在树冠层活动和觅食，飞行较其他卷尾快而有力，飞行姿势亦较优雅，常常是先向上飞，在空中做短暂停留后，才快速降落到树上，可在飞行中捕食昆虫。鸣声单调、尖厉而多变，鸣叫包括双音节“tsit-weet”声和一串响亮尖锐的“tchip”声。繁殖期 5~7 月，营巢于较开阔的森林或竹阔混交林的水平树枝或竹条末端。

分布状况：繁殖于中国华北、华中、华南和西南地区，云南有越冬种群；陕西省常见于黄土高原以南；陕师大长安校区夏季偶见，曾见于格物楼西侧树林，教育博物馆西北侧树林。

居留型：夏候鸟。

发冠卷尾 于晓平 摄

伯劳科 Laniidae

全球 2 属 34 种，我国 1 属 15 种。喙粗壮而侧扁，先端下弯、具利钩和齿突，似猛禽的喙；口须发达，鼻孔被垂羽掩盖；头大，过眼纹宽阔；翅短圆，尾长，凸尾圆形或楔形；跗跖强健，前缘被盾状鳞片，趾具钩爪，似猛禽。性格凶猛，以昆虫、蛙和蜥蜴等小型脊椎动物为食，停栖静伺而伏击猎物，有把猎物尸体插在树枝上贮藏的习性。营巢于树上或荆棘灌丛间，碗状巢，窝卵数 4~9 枚，晚成鸟。陕师大校园记录 4 种。

Lanius cristatus

红尾伯劳

Brown Shrike

形态特征：体长 17~20 cm 中等体形的淡褐色伯劳。喉白；成鸟前额灰白，眉纹白，眼罩为黑色，头顶及背部颜色随亚种不同而有所不同，为浅红褐色或棕灰色；下体皮黄，两胁棕黄色较浓，腰及尾羽棕褐色；亚成鸟似成鸟但背及体侧具深褐色细小的鳞状斑纹；虹膜褐色；喙黑色；脚灰黑。

生态习性：单独或成对活动。栖息于林缘等较开阔的地区，喜灌木、矮树多的环境，有时也出现在城市公园。主要以昆虫等动物性食物为食，常将猎物穿挂于树上的尖枝杈上，然后撕食其内脏和肌肉等柔软部分。性活泼，常在枝头跳跃或飞上飞下。常站立于小树顶端，飞起捕食后返回。鸣声为粗哑的“ga、ga、ga”声，有效鸣现象。繁殖期 5~7 月，营巢于树木或高灌木上，有时营巢于较低的草丛中。

分布状况：中国大部分地区常见；陕西全省分布；陕师大两校区夏季常见。

居留型：夏候鸟。

红尾伯劳 于晓平 摄

Lanius schach

棕背伯劳

Long-tailed Shrike

形态特征：体长约 20~25 cm，体形略大而尾长的伯劳。尾长且黑，最外侧尾羽具锈棕色羽缘和端斑；成鸟黑色粗重贯眼纹至前额；翅黑色具白色翼斑；头顶及颈背灰色或灰黑色；背、腰及体侧红褐；颏、喉、胸及腹中心部位白色；头及背部黑色的扩展随亚种而有不同；亚成鸟体色较暗，两胁及背具横斑，头及颈背灰色较重；虹膜褐色；喙及脚黑色。

生态习性：除繁殖期成对活动外，多单独活动。常在林旁、农田、果园、河谷、路旁和林缘地带的乔木上或灌丛中活动。主要以昆虫为食，也常捕食小型脊椎动物；性凶猛，甚至能杀死比自身更大的鸟。繁殖期常站在树顶端枝头高声鸣叫，其声似“zhigia-zhigia-zhigia-zhiga”不断重复的哨音。繁殖期 4~7 月，营巢于灌丛或树上，有时也见于芦苇或高草中。

分布状况：中国大部分地区常见；陕西省分布于黄土高原以南；陕师大长安校区夏季偶见。

居留型：夏候鸟。

棕背伯劳　于晓平　摄

Lanius tephronotus

灰背伯劳

Grey-backed Shrike

三有保护

形态特征：体长 21~23 cm 的中型伯劳，雌雄相似。成鸟额部至背部呈灰色，贯眼纹黑色；脸颊、颏部、喉部、胸部、腹部呈白色，腰和两胁橙棕色；飞羽黑色，尾羽锈棕色；幼鸟似成鸟，体羽多褐色鳞状斑纹；虹膜黑褐色；喙和脚黑色。

生态习性：常单独活动。栖息于低山次生阔叶林和混交林的林缘生境，亦见于村寨、农田和稀树草坡等生境，夏季常至海拔 2000~4000 m 的林缘地带。主要以昆虫为食，也捕食蜥蜴、青蛙、小鸟等小型脊椎动物。叫声似单调而连续的“zhi-zhi-zhi”声。繁殖期 4~7 月，营巢于小树或灌木上。

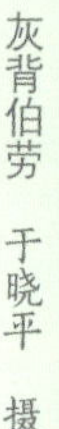

灰背伯劳 于晓平 摄

分布状况：中国见于甘肃、四川、云南、西藏等地，有个体于西南地区越冬；陕西省见于秦巴山地；陕师大校园内仅见于文献记录，近年未见。

居留型：夏候鸟。

Lanius sphenocercus

楔尾伯劳

Chinese Grey Shrike

形态特征：体长 29~31 cm 的大型伯劳，雌雄相似。成鸟上体浅灰色，贯眼纹黑色，具或宽或窄的白色眉纹；脸颊、颏部、喉部呈白色；下体白色或灰白色；两翼黑色，次级飞羽基部具有一甚宽的白色翼斑；幼鸟似成鸟，但胸部、腹部多鳞状斑纹；虹膜褐色；喙灰色；脚黑色。

生态习性：单独或成对活动。栖息于低山、丘陵、平原、林缘、旷野、农田、荒漠和半荒漠等林木和植物稀少的开阔地带，尤为喜欢有稀疏树木和灌丛生长的平原地区。主要以昆虫、鼠类、小型鸟类为食。叫声似单调而粗哑的“ga-ga-ga”声。繁殖期 4~6 月，营巢于小阔叶树或小灌木的枝杈。

分布状况：中国繁殖于东北至青海、甘肃一带，在华北、华中至华南和台湾越冬，在青藏高原东部有留鸟分布；陕西全省可见；陕师大雁塔校区夏季偶见。

居留型：夏候鸟或冬候鸟。

楔尾伯劳 廖小青 摄

鸦科 Corvidae

中大型鸣禽，全球23属130种，我国12属31种。体形较大，如乌鸦和喜鹊，通体以黑、褐、灰和蓝为主，局部羽色常具金属光泽。喙粗壮而长直，先端下弯，尖锐具微钩和缺刻；鼻孔圆形，被羽须掩盖。翅短圆，凸形尾短圆；趾粗壮，常态足，中、侧趾略有合并，适于地面行走和栖树握枝。多集群活动，繁殖季节成对，杂食性或食腐，对清理田间和村落附近的垃圾有益，也袭击鸟巢中的雏鸟和卵。营巢于树上或洞穴内，窝卵数4~8枚，晚成鸟。陕师大校园分布5种。

Garrulus glandarius

松鸦

Eurasian Jay

形态特征：体长30~35 cm的小型鸦科鸟类。通体黄褐色为主，髭纹黑色，翅黑色而具白色翼斑和亮蓝色镶嵌图案，停歇及飞行时均清晰可见；腰、尾上覆羽及尾下覆羽白色；虹膜褐色；喙灰黑色；脚黄褐色。

生态习性：繁殖期单独或成对活动，非繁殖期集小群活动。栖息于针叶林、针阔混交林和阔叶林等，有时也至城市公园活动。杂食性，有储藏食物的习惯。短距离飞行时呈波浪状。鸣叫声为粗糙的“ga-gaa”声，也会发出类似猫叫的声音。繁殖期4~7月，营巢于树木、藤本植物和灌丛，偶见于建筑物上营巢。

分布状况：广泛分布于除青藏高原、新疆南部、内蒙古西

松鸦 廖小青 摄

部和海南之外的中国各地；陕西省广布于黄土高原以南；陕师大校园内仅见于文献记录，近年未见。

居留型：留鸟。

Cyanopica cyanus

灰喜鹊

Azure-winged Magpie

LC 三有保护

形态特征：体长约 33~38 cm 的小型鸦科鸟类。顶冠、耳羽及后枕黑色，喉及颈部白，背灰色，腰和尾上覆羽淡灰色，两翼天蓝色，下体浅灰白，尾长并呈蓝色；雏鸟色近成鸟，但黑色部分缺少光泽，常呈黑白斑驳，胸、腹多为污灰色；虹膜褐色；喙及脚黑色。

灰喜鹊 于晓平 摄

生态习性： 除繁殖期成对活动外，其他季节多成小群活动，有时甚至集成多达数十只的大群。栖息于平原低地的各种环境，如灌丛、阔叶林、混交林、公园、花园、果园和村庄，密林和山地较罕见。杂食性，主要取食昆虫、水果和坚果。一遇惊扰，迅速散开，而后又聚集在一起，社会性强，凶猛好斗，极具攻击性。活动和飞行时常鸣叫，鸣声单调嘈杂，通过叫声进行联系，常见带颤音的鸣叫、嘈杂嘶哑的"ga-ga"声。繁殖期 5~6 月，营巢于树枝上或树洞内。

分布状况： 中国分布于除西藏外各省市自治区；陕西省分布于黄土高原以南；陕师大校园极为常见。

居留型： 留鸟。

Urocissa erythroryncha

红嘴蓝鹊

Red-billed Blue Magpie

三有保护

形态特征：体长 53~68 cm，雌雄相似，是鹊类中鸟体形最大和尾最长的一种。头、颈、胸部黑色，枕部白色延伸至头顶；中央尾羽较长，呈蓝紫色而具白色端斑，其余尾羽蓝紫色而具白色端斑和黑色次端斑，外侧尾羽依次渐短，构成梯状；虹膜红色；喙和脚红色。

生态习性：喜群栖，常集成以家庭为单位的小群活动。栖息于山地森林、低山平原、公园、村庄和花园等；以肉食为主的杂食性鹊类，以各类无脊椎动物、爬行动物、两栖动物、鸟卵、幼鸟和小型哺乳动物为食，也取食腐肉、垃圾和果实。鸣叫声为嘈杂的“zha-zha”声，鸣唱多样，善于效鸣。繁殖期 4~6 月，营巢于树冠或大树粗枝末端。

分布状况：中国东北南部、华北至西北地区；陕西全省广布；陕师大校园长安校区常见，雁塔校区偶见。

居留型：留鸟。

Pica serica

喜鹊

Oriental Magpie

形态特征：体长 45~50 cm 的大型鸦科鸟类。典型的黑白色鸟类，其头部、颈部、胸部、背部均为黑色，略显蓝紫色金属光泽；腰白；肩羽、上下腹均为白色；飞羽和尾羽为近黑色

红嘴蓝鹊　廖小青　摄

的墨绿色，带辉绿色的金属光泽；飞行时可见双翅端部洁白，具黑色羽缘；飞行中可见腰背部的白色羽区形成 V 形；幼鸟羽色似成鸟，但黑羽部分染有褐色，金属光泽也不明显；虹膜褐色；喙和脚黑色。

生态习性：单独或集群活动。适应各种生境，特别适应人居环境，较少出现在密林和极为空旷的地区。杂食性，以肉食为主。性大胆，会主动骚扰猛禽，领地意识强。叫声为嘶哑单调的“chark-chark”声；繁殖期 4~6 月，营巢于小树树冠、大树枝杈或电塔、路灯等人工建筑上。

分布状况：除内蒙古外广布于中国各地；陕西全省常见；陕师大校园长安校区冬季较常见，雁塔校区偶见。

居留型：留鸟

喜鹊 于晓平 摄

Corvus frugilegus

秃鼻乌鸦

Rook

形态特征：体长 46~47 cm 的中型鸦科鸟类。通体黑色，喙基周围皮肤裸露，呈灰白色；幼鸟脸全被羽，易与小嘴乌鸦混淆，区别为头顶较小嘴乌鸦更为拱起，喙更粗壮；全身黑色；虹膜深褐色；喙黑色，基部灰白色；脚褐色。

生态习性：常集小群或与其他鸦类混群。栖息于平原、丘陵、低山的耕作区，有时接近人群密集的居住区，随季节做短距离迁徙。杂食性。鸣叫声为低沉粗粝的“gua-gua-gua”声。4 月开始产卵，巢常集中在一起，营巢于树冠、灌丛，偶见在电塔、芦苇丛中筑巢。

分布状况：广布于除西藏之外中国的所有地区；陕西全省广泛分布；陕师大校园内仅见于文献记录，近年未见。

居留型：留鸟。

秃鼻乌鸦 于晓平 摄

山雀科 Paridae

小型鸣禽，分布于古北界和北美洲，全球 13 属 63 种，我国 12 属 24 种。体形比麻雀小，喙短而强，略成锥状，鼻孔略被鼻须覆盖；翅短圆，尾适中，尾羽呈圆形或叉形尾；跗跖强健，趾较强壮，善于攀悬在枝头。性活跃、常在枝头跳跃，在树皮上剥啄昆虫。飞翔能力较差。营巢于树洞或岩缝中，窝卵数 5~12 枚，晚成鸟。陕师大校园分布 4 种。

Periparus venustulus

黄腹山雀

Yellow-bellied Tit

三有保护

形态特征：体长约 10~11 cm 的小型山雀。腹部黄色，体形较小而尾短，雌雄异色；雄鸟头黑色，颊斑及颈后点斑白色，上体蓝灰，腰银白，下体黄色，翼上具两排白色点斑；雌鸟上体灰绿色，头部灰色较重，具灰色的下颊纹，颊部具黄白色斑，眉略具浅色点，下体黄绿色；雄鸟喙较短，繁殖期喉黑色，非繁殖期喉黄色；虹膜褐色；喙黑色；脚蓝灰色。

生态习性：常集群活动，繁殖期成对或单独活动，常成 10~30 只的群体，有时也与大山雀等其他鸟类混群。繁殖于亚热带阔叶林、常绿林、针叶林和针阔混交林，非繁殖期栖息地更广泛。主要以昆虫为食，兼食植物种子、果实。常在树枝间跳跃穿梭。叫声为频繁的“zi-zi-zi”声。每年 4 月开始繁殖，营巢于天然树洞中，巢呈杯状，主要由苔藓、细软的草叶、草茎等材料构成。

黄腹山雀 于晓平 摄

分布状况：中国鸟类特有种；广布于中国东北、华北、西北以南大部分地区；陕西全省常见；陕师大校园偶见。

居留型：留鸟。

Poecile palustris

沼泽山雀

Marsh Tit

三有保护

形态特征：体长约为 11~12 cm 的小型山雀。成鸟头顶和后颈黑色，部分亚种略带凤头，喉部黑色；上背翅及腰部灰褐色，下体胸腹部为污白色至浅棕色；虹膜深褐色；喙黑色；脚深灰色。

生态习性：常集小群活动，也与其他山雀混群。栖息于山区林地，冬季也见于公园、果园等生境。主要以昆虫为食。叫

沼泽山雀 于晓平 摄

声为“zi-he-zizi-he”声。繁殖季节为3~5月，营巢于高约0.5~2.5 m的天然树洞。

分布状况：分布于中国东北、新疆北部至华北、华东；陕西几乎全省可见；陕师大校园罕见。

居留型：留鸟。

Parus minor

大山雀

Japanese Tit

三有保护

形态特征：体长约12~14 cm的中型山雀。上体灰色，头部黑色，颊部具大块白斑，后颈有一白斑，上背部黄绿色；具

一道白色翼斑；下体灰白色或浅黄色，自颏部开始直至尾下覆羽有一条纵贯整个下体的黑色条带；虹膜褐色；喙黑褐；脚暗褐。

生态习性： 单独或集小群活动。栖息于中低海拔的各种林地、灌丛。夏季主要以小型无脊椎动物和昆虫幼虫为食，其他季节也取食种子等植物性食物。于林灌间跳跃觅食，偶尔也于空中或地面捕食昆虫。叫声似“zi-zi-he”声。繁殖期 4~8 月，营巢于天然树洞、其他动物的弃洞和人工巢箱等洞穴。

分布状况： 全中国广泛分布；陕西全省常见；陕师大校园偶见。

居留型： 留鸟。

大山雀　于晓平　摄

Parus monticolus

绿背山雀

Green-backed Tit

三有保护

形态特征：体长 12~13 cm 的中型山雀。头部黑色，颊部具大块白斑，后颈有一白斑，上背黄绿色，具两道白色翼斑；下体黄色，自颏部开始直至尾下覆羽有一条纵贯整个下体的黑色条带，尾下覆羽白色；虹膜深褐；喙和脚均黑色。

生态习性：成对或集小群活动，经常混于鸟浪。常见于海拔 1000~4000 m 的山区，夏季主要栖息在山地针叶林和针阔叶混交林、阔叶林和次生林，冬季常下到低山、山脚及平原地带的次生林、人工林和林缘疏林灌丛等。主要以昆虫和昆虫幼虫为食，此外也取食少量种子等植物性食物。叫声为“zizizi-wu”声。繁殖期 2~7 月，营巢于树洞、巢箱、墙洞、屋檐下等处。

分布状况：分布于中国西南、华中地区及台湾；陕西省见于黄土高原以南；陕师大校园偶见。

居留型：留鸟。

绿背山雀 于晓平 摄

百灵科 Alaudidae

小型鸣禽，全球 21 属 93 种，我国 7 属 16 种。体形纤细如麻雀，常具羽冠，鸣叫时竖立。喙小呈圆锥状，适于啄食种子；跗跖强健有力，后缘鳞片愈合成完整鳞板，后爪直而尖长，适应于地栖生活。翅尖而长、三级飞羽较长，尾羽中等长度，具浅叉，外侧尾羽常具白色色斑。常集群活动，求偶炫耀飞行复杂，典型的是悬停于空中。营地面巢，以草茎和根为材料编碗状巢而栖。窝卵数 3~5 枚，晚成鸟。陕师大校园分布 3 种。

Alauda gulgula

小云雀

Oriental Skylark

三有保护

形态特征：体长 14~16 cm 的小型百灵。与云雀甚相似但体形更小。喙较细，初级飞羽略短，尾羽较短，且飞行时不具有明显的白色羽缘；在野外一般通过鸣叫区分；虹膜褐色；喙褐色，下喙基部淡黄；脚肉黄色。

生态习性：繁殖期成对活动，其他时候多成群。栖息于开阔平原、草地、农田、河边。以植物性食物为主，兼食昆虫。善奔跑，主要在地面活动，常从地面突然起飞做炫耀飞行。鸣唱类似云雀，但常具更干涩的“drzz”或“bazz bazz”声。繁殖期 4~8 月，营巢于地面低洼处，通常被草丛或土堆遮蔽。

分布状况：分布于中国除东北之外的大部分地区；陕西省见于秦巴山地；陕师大记录仅见于文献，近年未见。

居留型：留鸟。

小云雀 于晓平 摄

Alauda arvensis

云雀

Eurasian Skylark

Ⅱ级保护

形态特征：体长约 17~19 cm，中等体形而具灰褐色杂斑的百灵。上体沙棕色，顶冠及耸起的羽冠具细纹；上背和尾上覆羽的黑褐色纵纹较细，两翅覆羽黑褐，具棕色羽缘和先端，初级飞羽、次级飞羽亦黑褐，外翈边缘棕白，后翼缘的白色于飞行时可见；胸棕白，密布黑褐色纵纹；尾较长，最外侧尾羽几乎纯白；虹膜深褐色；喙角质色；脚肉色。

云雀 于晓平 摄

生态习性：秋冬季常结集大群活动。栖息于草原、沙漠、近水草地等空旷地区，也有一些种类栖居于小灌丛间。主要以草籽、嫩芽等为食，也捕食少量昆虫，如蚱蜢、蝗虫等，冬季主要以禾本科植物种子为食。脚强健、善奔走，受惊扰时常藏匿不动，因有保护色而不易被发觉。鸣声响亮，婉转动听，常高翔云间鸣叫，为持续成串的颤音及颤鸣。繁殖期 4~7 月，营巢于地面凹陷处。

分布状况：繁殖于中国东北、内蒙古、宁夏，迁徙途经华北、西北、华中至华东南越冬；陕西全省可见；陕师大校园冬季偶见。

居留型：冬候鸟。

Galerida cristata

凤头百灵

Crested Lark

形态特征：体长约 17~19 cm，体形略大的具褐色纵纹的百灵。冠羽长而窄；上体沙褐而具近黑色纵纹；下体浅皮黄，胸密布近黑色纵纹；矮墩而尾短，喙略长而下弯；飞行时两翼宽，翼下锈色；中央尾羽橄榄褐色，最外侧尾羽黄褐，其余黑色；幼鸟上体密布点斑；与云雀区别在于侧影显大而羽冠尖，喙较长且弯，耳羽较少棕色且无白色的后翼缘；虹膜深褐色；喙肉黄色，端部色深；脚肉粉色。

生态习性：除繁殖期外常成群活动。栖息于中低海拔植被稀疏的干燥平原或耕地。春夏季主要以无脊椎动物为食，秋冬季主要以种子和绿色植物为食。常于地面行走或振翼做柔弱的波状飞行；善在地面奔走，受惊扰时常藏匿不动，因有保护色而不易被发觉。在地面或飞行振翼缓慢垂直下降时鸣唱；鸣声为 4~6 音节甜美而哀婉的短句，升空时发出清晰的“du-ee”及笛音“ee”或“uu”声，不断重复且间杂着颤音，较云雀的鸣声慢、短而清晰。繁殖期 3~7 月，营巢于地面凹陷处、开阔处或靠近灌木。

分布状况：分布于中国东北、华北和西北；陕西全省可见；陕师大校园偶见。

居留型：留鸟。

凤头百灵　于晓平　摄

鳞胸鹪鹛科 Pnoepygidae

小型鸣禽，全球1属4种，我国均有分布。体形娇小，几乎无尾羽，翅短圆似鹪鹩，故而得名。鸣声尖细而拖长，似鹪鹩和其他小型莺类。性隐匿，常栖息于亚热带或热带林区的茂密灌丛下层，沿地面跳跃取食，一般由鸣声辨识。营巢于低矮灌丛或岩石间，球状巢上端侧面开口。窝卵数2~6枚，晚成鸟。陕师大校园记录1种。

Pnoepyga pusilla

小鳞胸鹪鹛

Pygmy Cupwing

三有保护

形态特征：体长约7~9 cm的小型鸣禽，有两种色型。上体暗棕褐色，具棕黄色次端斑和黑褐色羽缘，形成鳞状花纹，翅上具清晰的棕黄色点斑；深色型下体棕黄色，浅色型下体白色，均具有暗褐色羽缘，形成鳞状斑；尾羽极短而不可见；虹膜暗褐色；喙灰黑色，下喙色稍浅；脚肉褐色。

生态习性：单独或成对活动。栖息于植被茂密的常绿阔叶林的林下层和地面，偶见于路边或高大次生林，喜潮湿的林下植被。以小型无脊椎动物为食，如蜘蛛、蜗牛和各类昆虫，在落叶、腐烂树干周围觅食。性隐匿，受惊时潜入密丛深处，不远飞。不常鸣叫，鸣叫时声音洪亮，其鸣声为尖细的“ti-ti-tu”声。繁殖期3~9月，营巢于树干上的苔藓、兰科植物、蕨类或藤本植物上，或是垂直的岩石、倒木和河岸边，通常离地0.5~2 m。

分布状况：广泛分布于中国秦岭以南华中、华东南和华南地区；陕西省见于秦岭南坡山地以南，近年来扩散至北坡；陕师大校园极罕见，仅 2023 年 4 月 25 日记录于格物楼西侧树林。

居留型：留鸟。

小鳞胸鹪鹛 于晓平 摄

燕科 Hirundinidae

小型鸣禽，全球21属88种，我国6属14种。体形小而轻巧，似家燕。喙平扁短阔，上喙近先端有一缺刻；鼻孔裸出，喙须短；翅狭长且尖，叉形尾，腿短而细弱，前缘被盾状鳞，善高空疾飞，持续捕食飞虫。营巢于屋檐下或岩石壁上，杯状或壶状巢。窝卵数4~8枚，晚成鸟。陕师大校园内记录2种。

Hirundo rustica

家燕

Barn Swallow

三有保护

形态特征：体长17~19 cm的燕科鸟类，雌雄相似。上体蓝黑色，具金属光泽；前额栗红色，颏、喉及上胸栗红色，具蓝黑色胸带；腹部及尾下覆羽白色或淡红色；尾羽蓝黑色，具白色圆斑；虹膜深褐色；喙黑褐色；脚黑色。

生态习性：活动于各种开阔生境，特别是城市或村落附近。以蚊、蝇、象甲、叶蝉等昆虫为食。鸣声为尖细的“zi、zi”声，联络时发出重复的“witt-witt”声，飞行时发出“dschid-dschid”声。繁殖期4~7月，常营巢于墙壁上、屋檐下、横梁上，偶尔在崖壁的缝隙中筑巢。

分布状况：分布遍及中国大陆地区（主要为夏候鸟），海南、台湾（留鸟）；陕西全省常见；陕师大两校区夏季常见。

居留型：夏候鸟。

家燕（稚后育雏） 于晓平 摄

Cecropis daurica

金腰燕

Red-rumped Swallow

三有保护

形态特征：体长 16~17 cm 的燕科鸟类。上体蓝黑色，枕部及耳羽后橙色，腰橙色或栗棕色；下体为近白的淡皮黄色，沿羽轴形成黑色纵纹；虹膜深褐色；喙黑褐色；脚黑色。

生态习性：常成群活动，迁徙时集成数百只的大群。主要栖息于开阔的平原、丘陵和村落，也在城市中活动。捕食飞虫，以蝽象、叶甲、潜叶蝇、虻类等昆虫为食。鸣声为“zhi、zhi”或“jiu、jiu”声。繁殖期 4~9 月，营巢于天然或人工的水平表面下，如屋檐、悬崖和桥梁。

分布状况：中国广泛分布；陕西全省常见；陕师大两校区夏季常见。

居留型：夏候鸟。

金腰燕 邱德伟 摄

鹎科 Pycnonotidae

中小型鸣禽，全球28属156种，我国10属23种。喙较长且尖细，先端微下弯，有些种类粗厚；翅短圆，尾细长，方尾或圆尾；跗跖较短；体羽较松软，后颈部有纤羽。树栖性，主要栖息于森林和林缘灌丛，多集群活动。多营巢于乔木或灌丛的枝杈处，窝卵数2~4枚，晚成鸟。陕师大校园分布3种。

Spizixos semitorques

领雀嘴鹎

Collared Finchbill

三有保护

形态特征：体长约21~23 cm的绿色鹎类。头灰黑色；颏部近黑色；前颈具一白色颈环；胸部、腹部、背部、两翼偏绿色；喙灰黄或黄色；下喙基部有一白斑；虹膜深褐色；喙肉黄色；脚淡褐色。

生态习性：繁殖期单独或成对活动，非繁殖期常集群活动。常栖息于海拔400~1000 m的低山丘陵、山脚平原的次生植被、林缘灌丛和果园等地带，有时亦见于海拔2000 m左右的山地森林和林缘地带。以野果和昆虫为食，能在飞行中捕捉昆虫。叫声似清脆响亮的“pa-da、pa-de”声。繁殖期5~6月，营巢于乔木或灌丛。

分布状况：见于中国华北、西北、华南、华东、西南等地区；陕西省分布于关中平原以南；陕师大长安校区较常见。

居留型：留鸟。

领雀嘴鹎 于晓平 摄

Pycnonotus xanthorrhous

黄臀鹎

Brown-breasted Bulbul

三有保护

形态特征：体长 19~20 cm 的鹎类。上体褐色；下体污白色；成鸟额部至后颈黑色，具一较短的黑色羽冠；颏部、喉部白色；上胸具浅褐色横带；尾下覆羽深黄色；虹膜棕色；喙和脚黑色。

生态习性：繁殖期多成对活动，非繁殖期集群活动，有时与其他鹎类混群。常栖息于中低海拔的低山丘陵和山脚平原的次生阔叶林、混交林和林缘等地带，亦见于竹林、果园和林缘灌丛等生境。以金龟子、叶甲等昆虫及黄泡果、蛇莓等野果为食。鸣声似清脆响亮的“gui-gui-jiu-jiu-jiu”声。繁殖期 4~7 月，营巢于小乔木、竹林和灌丛。

分布状况：见于中国华中、华东、西南和华南大部分地区；陕西省分布于关中平原以南；陕师大长安校区常见。

居留型：留鸟。

黄臀鹎 于晓平 摄

Pycnonotus sinensis

白头鹎

Light-vented Bulbul

三有保护

形态特征：体长 18~19 cm 的鹎类。额至头顶纯黑色，具光泽；头顶两侧经眼各有一条白色纹，相连于枕后；颏部、喉部白色；胸染灰褐色；腹部污白色，有时具浅黄绿色纵纹；背灰褐色，两翼黄绿色；尾下覆羽浅灰色，尾羽黄绿色；虹膜褐色；喙和脚黑色。

生态习性：常集群活动，冬季集成大群。常栖息于海拔1000 m以下的低山丘陵和山脚平原的阔叶林、次生林、混交林、灌丛、疏林、果园和竹林等生境。食性随季节而异，以叶甲、金龟子等昆虫及苦楝、乌桕等果实和种子为食。鸣叫似婉转响亮的“gu-gua、gua-gu-gua-gua”声。繁殖期4~8月，营巢于灌木、树篱或攀缘植物的竖直枝杈，有时也营巢于竹枝之间。

分布状况：见于中国西至横断山脉，北至兰州到环渤海地区的广泛区域，以及海南和台湾；陕西全省广泛分布；陕师大两校区极常见。

居留型：留鸟。

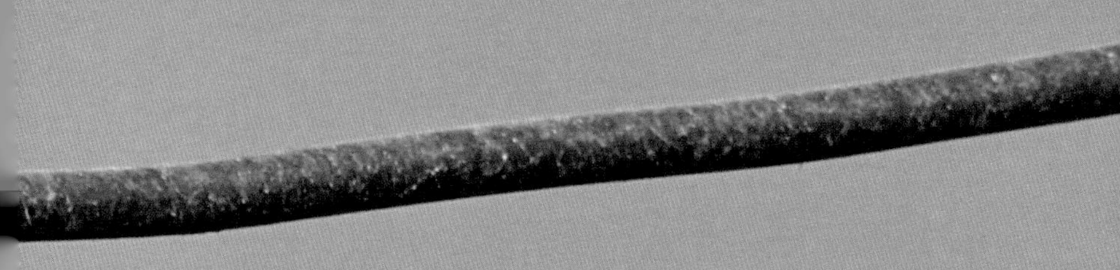

白头鹎 肖欣悦 摄

柳莺科 Phylloscopidae

小型鸣禽，全球1属88种，我国1属51种。体形纤细瘦小，喙细小，上喙尖或微具缺刻；翅短圆，跗跖纤弱细长；羽色以灰、褐及橄榄绿为主，雌雄羽色相似，部分种类具一或两道翼斑，或具顶冠纹。多栖息于灌木或稀疏林内，主要以昆虫为食。鸣声清脆悦耳且多变，为重要辨识特征。营巢于地上或树上，编织球状或碗状巢。窝卵数4~8枚，晚成鸟。陕师大校园记录7种。

Phylloscopus inornatus

黄眉柳莺

Yellow-browed Warbler

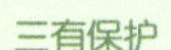

形态特征：体长10~11 cm的小型柳莺。上体橄榄绿色，无顶冠纹（极少数个体具甚模糊的顶冠纹），眉纹较长，相比黄腰柳莺的眉纹更白；具两道清晰的淡黄白色翼斑（部分个体因羽毛磨损不甚清晰），三级飞羽末端具浅色羽缘，下体白色；似黄腰柳莺，但无顶冠纹及黄腰，且眉纹更白；虹膜深褐；喙黑色，下喙基部黄色；脚黄褐色。

生态习性：常单独或集小群活动，迁徙时可见集大群。繁殖期活动于海拔1000~2400 m的森林，迁徙和越冬时活动于平原和丘陵地带的各种林地、灌丛。以各种小型无脊椎动物为食。性活泼，不停在枝头跳跃觅食。鸣叫声为尖细的“jue-yi”声。繁殖期6~7月，营巢于树根、倒木、树桩或灌木下。

分布状况：繁殖于中国东北，越冬于西南地区、长江中下游至华南地区和台湾，迁徙时常见于我国绝大部分地区；陕西

黄眉柳莺 廖小青 摄

全省广泛分布；陕师大两校区春秋季节常见。

居留型：旅鸟。

Phylloscopus proregulus

黄腰柳莺

Pallas Leaf Warbler

三有保护

形态特征：体长 9~10 cm 的小型柳莺。上体橄榄绿色，具长而清晰的淡黄色顶冠纹，眉纹甚粗且长，前段鲜黄色，后段淡黄色或近白色；腰淡黄色，翼羽黄绿色，具两道清晰的淡黄白色翼斑（部分个体因羽毛磨损不甚清晰）；三级飞羽末端具浅色羽缘，腰柠檬黄色，悬停及飞行时可见黄色腰部；下体白色；虹膜深褐；喙黑色，喙基略带橙黄色；脚褐色。

生态习性：单独或成对活动，常与小型雀鸟混群活动。繁殖期活动于山脚平原至海拔 1700 m 的森林，迁徙和越冬时活动于平原和丘陵地带的各种林地、灌丛。以苍蝇、蚜虫、小飞蛾等昆虫为食。性活泼，不停在枝头跳跃觅食，从树叶上啄取昆虫。鸣叫声为双音节的“ju-ee”声，似黄眉柳莺但音调更低。繁殖期 6~7 月，营巢于树上或灌丛中。

分布状况：繁殖于中国东北，越冬于西南地区、长江中下游至华南地区和台湾，迁徙时常见于我国绝大部分地区；陕西全省可见；陕师大两校区迁徙季及冬季常见。

居留型：旅鸟。

黄腰柳莺 费艺帆 摄

Phylloscopus fuscatus

褐柳莺

Dusky Warbler

三有保护

形态特征：体长 11~12 cm 的中型柳莺。通体褐色，上体褐色或橄榄褐色，具白色或淡皮黄色眉纹，前段边缘清晰，后

段略沾棕色，贯眼纹暗褐色；尾下覆羽淡褐色；虹膜褐色；上喙黑色，下喙基部黄色，端部黑色；脚褐色至黄褐色。

生态习性：常成对或单独活动，非繁殖期有时集成松散小群。栖息于各类林地及灌丛，迁徙、越冬时常见于城市公园等地带。主要以象甲等昆虫为食，也少量取食软体动物和种子。性活泼，喜欢在树枝间跳跃。繁殖期雄鸟常发出“chett-chett-chett-chett”的重复鸣叫，非繁殖期发出“chack-chack”的鸣叫。繁殖期 5~8 月，营巢于灌丛下的地面上。

分布状况：中国除极西部地区外广泛分布；陕西全省分布；陕师大校园春秋季偶见。

居留型：旅鸟。

褐柳莺 于晓平 摄

Phylloscopus trochiloides

暗绿柳莺

Greenish Warbler

三有保护

形态特征：体长约 10~11.5 cm 的小型柳莺。上体橄榄绿色，头顶羽色略暗，无顶冠纹，眉纹黄白色，贯眼纹黑褐色；通常仅具一道黄白色翼斑，下体灰白，两胁略沾皮黄色；似极北柳莺，但极北柳莺体形更大，且其喙明显较长且粗壮；虹膜褐色；上喙深灰色，下喙基部黄色，端部深色；脚褐色。

生态习性：繁殖期单独或成对活动，非繁殖期成群活动。夏季栖息于高海拔的灌丛及林地，越冬于低地森林、灌丛及农田。主要以鞘翅目、鳞翅目、蚂蚁等昆虫为食。鸣叫为连续“chiwi-chiwi”声。繁殖期 5~8 月，营巢于岩石下、倒木或树根下的地面、河岸、墙缝、高大植被或低矮灌木下、树洞中。

分布状况：中国西北、西南、华中地方性常见；陕西全省广泛分布；陕师大校园春秋季节偶见。

居留型：旅鸟。

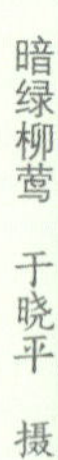
暗绿柳莺 于晓平 摄

Phylloscopus borealis

极北柳莺

Arctic Warbler

形态特征：体长 11~13 cm 的中型柳莺，体形修长。上体橄榄绿色，前额较平，无顶冠纹，眉纹浅黄白色，长且向后弯曲，具黑色贯眼纹，眼睛下方及耳羽斑驳；具两道不明显翼斑，小翼斑常磨损消失；下体污白色，胸部及胸侧具不明显的淡灰色条纹；幼鸟似成体，但上体多为灰棕色，胸侧和侧腹呈浅棕色；虹膜深褐；上喙深褐，下喙黄色具暗色斑；脚肉褐色。

生态习性：繁殖期单独或成对活动，迁徙时集小群或与其他柳莺混群。栖息于海拔 1800 m 以下的针阔混交林、常绿林地、雨林边缘、人工林、果园和公园等各种环境。主要取食昆虫和其他无脊椎动物。兴奋或惊恐时不断鼓翅。鸣唱为尖锐的

极北柳莺　于晓平　摄

“tzik-tzik-tzik”声，鸣叫为干哑的“dzit”声。繁殖期 6~8 月，通常为单配制，营巢于地面植被中。

分布状况：繁殖于中国西北和东北地区，越冬于东南地区，迁徙时经过国内大部分地区；陕西全省广泛分布；陕师大校园迁徙季偶见，曾见于雁塔校区崇鋈楼至图书馆附近树林。

居留型：旅鸟。

Phylloscopus claudiae

冠纹柳莺

Claudia’s Leaf Warbler

三有保护

形态特征：体长约 7~10 cm。上体亮橄榄绿色，前额较圆，具清晰的灰白色顶冠纹，后部较宽且变白，眉纹淡黄色，后部变白，具黑色贯眼纹；下体污白色；具两道黄白色翼斑，飞羽和尾羽深棕色，具宽橄榄绿色边缘，外侧尾羽有狭窄的白色内

冠纹柳莺 于晓平 摄

翈；虹膜深褐色；上喙黑色，下喙黄色；脚颜色变化大，从黄色或肉粉色至黑褐色不等。

生态习性：繁殖期常单独或成对活动，非繁殖期也集成小群。一般活动于海拔 3000 m 以下的山地森林和灌丛地带，非繁殖期迁移到低山丘陵或山脚平原。取食昆虫等小型节肢动物。多活动在树冠层，有时悬挂在树枝上，常做交替鼓翅动作。鸣叫为似山雀的“pit-it-chu”声，鸣唱为“chi-chi-chi-chi-pit-chi-chi”声。繁殖期 2~8 月，营巢于树洞、树根下的地面、河岸、石墙上。

分布状况：繁殖于中国华中至华北的山地，越冬于云南，迁徙时经过华中至西南的大部分地区；陕西全省广泛分布；陕师大校园夏季偶见。

居留型：夏候鸟。

Phylloscopus valentini

比氏鹟莺

Bianchi's Warble

形态特征：体长 11~12 cm。具金色完整眼圈；前额黄绿色，黑色顶纹和侧冠纹明显，但前额处渐模糊，头顶灰蓝色但不鲜艳；具明显黄色翼斑，下体柠檬黄色，外侧两枚尾羽有白色区域且第 1 枚的基部外翈白色；虹膜褐色；上喙黑色，下喙黄色；脚黄褐色。

生态习性：繁殖期常单独或成对活动。栖息于海拔 1400~2000 m 的混交林或常绿阔叶林，非繁殖期迁移到低海拔林区。取食昆虫等小型节肢动物，常在林下快速飞捕昆虫。鸣叫为悦耳的哨声，有 1~2 个起始音节，整体频率较低。繁殖期 2~8 月，营巢于树洞、树根下的地面、河岸和石墙等地。

分布状况：中国境内分布于陕西南部，甘肃南部，华中、华东、华南、西南地区，区域性常见；陕西省南部广泛分布；陕师大校园夏季偶见。

居留型：夏候鸟。

比氏鹟莺 费艺帆 摄

Phylloscopus ricketti

黑眉柳莺

Sulphur-breasted Warbler

三有保护

形态特征：体长约 10~11 cm。上体橄榄绿色，具黑色贯眼纹和眉纹，侧冠纹亮黄绿色，顶冠纹浅黄绿色，具两道翼斑，

小翼斑有时不明显；下体亮黄绿色；虹膜褐色；上喙深褐，下喙橙黄色；脚颜色多变，从黄色或肉粉色至紫灰色均可见。

生态习性：常单独或成对活动，或与其他柳莺混群。栖息于海拔 1500 m 以下的低山落叶阔叶林、常绿阔叶林、山坡稀疏植被和林缘灌木等地。主要取食昆虫等小型无脊椎动物。性活泼，常在树枝间跳跃、飞行。鸣唱为一连串快速的高音“sit siri sii-sii see-chew, sit sweety sweety sweety swee-chew”声，鸣唱末尾加速，鸣叫为双音节的“pitch-you, pitch-you”声。繁殖期 5~7 月，营巢于石块之间的地面上，或离地 1 m 左右的植被中。

分布状况：分布于中国秦岭以南大部分地区，分布区内不甚常见；陕西省见于渭河谷地以南山地；陕师大校园迁徙季偶见，长安校区曾见于终南音乐厅西侧行道树，与冠纹柳莺、黄腰柳莺混群。

居留型：夏候鸟。

黑眉柳莺 肖欣悦 摄

树莺科 Scotocercidae

小至大型鸣禽，全球 10 属 35 种，我国 8 属 19 种。曾与柳莺科同属于莺科，包括树莺属和几种鹟莺。小体形，如鹟莺类（*Abroscopus* spp.）；中至大型，如各种树莺类（*Cettia* spp.）。树莺类翅短而尾长，无翼斑和顶冠纹，区别于柳莺类。跗跖相对较长，性隐匿，大多数栖息于灌丛上缘，地面觅食。陕师大校园分布 3 种。

Abroscopus albogularis

棕脸鹟莺

Rufous-faced Warbler

三有保护

形态特征：体长 8~9 cm。上体橄榄绿色；额、眼先、脸橙黄色；头顶中部至枕棕色；颈部黄绿色；颏白色或淡黄色；喉具大块黑斑；上胸和尾下覆羽浅黄绿色，下体白色；虹膜深褐色；上喙淡棕色，下喙黄色；脚褐色。

生态习性：常单独活动，或集成松散小群。主要生境为中低海拔的阔叶林、竹林和灌丛。以树叶上的小型无脊椎动物为食。一般在林地中上层活动，也在较低矮的灌丛中活动。鸣声为一连串的“li-li-li-li”声，似铃声。繁殖期 4~6 月，常营巢于靠近溪流的中空竹子中。

分布状况：中国分布于包括台湾和海南在内的秦岭以南地区；陕西省分布于渭河谷地以南；陕师大长安校区偶见，曾见于长安校区家属区。

居留型：夏候鸟。

棕脸鹟莺 廖小青 摄

Horornis canturians

远东树莺

Manchurian Bush Warbler

三有保护

形态特征：体长约 15~18 cm。上体褐色，头顶、翅和尾羽偏红褐色，具清晰皮黄色眉纹和深褐色贯眼纹，喉灰白；下体污白，两胁皮黄色；尾较长，尾羽端部较平；虹膜深褐色；上喙褐色，下喙基部色淡；脚粉色或粉褐色。

生态习性：单独或成对活动。栖息于海拔 1500 m 以下的低山阔叶林和灌丛。通常以无脊椎动物和昆虫为食。常在地面或高于地面 2 m 以上的地方觅食。鸣声或示警声为一串“ze、ze”声，鸣唱为一串咕噜的喉音后接 2~3 个单声，似“gulu-gulu-lu-fenqiu”。5~6 月开始繁殖，营巢于灌丛中位于顶冠层的茂密部位。

远东树莺 于晓平 摄

分布状况：广布于中国东部、中部及南部地区；陕西省分布于关中平原及其南部；陕师大长安校区夏季偶见，曾见于格物楼西侧树林。

居留型：夏候鸟。

Horornis fortipes

强脚树莺

Brown-flanked Bush Warbler

LC 三有保护

形态特征：体长约 11~12.5 cm。上体暗棕褐色；具窄而不清晰的黄白色眉纹；颏部、喉部至胸部为淡黄褐色；两胁棕色较浓；下体淡棕色；尾羽黄褐色，尾端略呈圆形；虹膜深褐色；上喙褐色，下喙较淡；脚褐色。

生态习性：通常单独活动。栖息于海拔 2400 m 以下的林地、灌丛，非繁殖期移至低海拔地带活动。以象甲等昆虫为食。性隐蔽。繁殖季常发出清脆而洪亮的三音节或四音节的

“weeeeeee-chiwiyou”鸣唱声，或响亮的“tyit tyu-tyu”声，非繁殖季在觅食时常发出单音节的“ze-ze”声。繁殖期 5~8 月，营巢于低矮灌木、藤本植物或浓密的植被中。

分布状况：分布于中国包括台湾在内的秦岭及其以南地区；陕西省分布于关中平原以南地区；陕师大长安校区常见，春季易听见鸣唱。

居留型：夏候鸟。

强脚树莺 于晓平 摄

长尾山雀科 Aegithalidae

最小体形的鸣禽之一，全球 3 属 11 种，我国 2 属 8 种。喙短而粗厚，楔形尾羽较长，远长于躯体长度，区别于山雀科，故而得名。其他形态与习性似山雀，羽松软。主要觅食昆虫。多集小群于灌丛或林缘。营巢于树上，筑球状巢。窝卵数 5~7 枚，晚成鸟。陕师大校园分布 1 种。

Aegithalos concinnus

红头长尾山雀

Black-throated Bushtit

三有保护

形态特征：体长约 8~11 cm。额、头顶、后颈为栗红色；喉部至上胸白色，中央具宽阔的黑色斑块；胸带和两胁栗红色；背部、两翼及尾羽蓝灰色；虹膜灰白色；喙黑色；脚褐色。

生态习性：集群活动。栖息于落叶林林缘，也出现于城市公园、果园等地。食物以昆虫为主，也兼食植物种子和浆果等。鸣叫似银喉长尾山雀，为连续的尖细“zi-zi”声。繁殖期 2~5 月，营巢于低矮的树木或灌木丛。

分布状况：分布于中国除海南、西南地区外的秦岭至淮河以南广大地区；陕西省分布于黄土高原以南；陕师大两校区常见。

居留型：留鸟。

红头长尾山雀　于晓平　摄

鸦雀科 Paradoxornithidae

小型鸣禽，全球 13 属 38 种，我国 14 属 33 种，其中中国多出的一属为黑眉鸦雀，在国内分类系统归于 *Chleuasicus*（BOW 为 *Suthora*）。圆锥形喙短而厚，前端具钩，略似鹦鹉，故而得名；翅短圆，尾长，多为凸形尾，体羽松软蓬松。多集群活动，栖息于芦苇或灌丛中，短距离飞行，以昆虫和草籽为食。营巢于灌丛，筑碗状巢。窝卵数 4~5 枚，晚成鸟。陕师大校园分布 1 种。

Suthora webbiana

棕头鸦雀

Vinous-throated Parrotbill

三有保护

形态特征：体长 11~12.5 cm。上体暖棕色，前额至冠部为暗棕色，喉沾浅粉色，翅缘棕红色，背、肩、腰褐尾上覆羽灰褐色；下体奶油黄色；虹膜棕黑色；喙黑褐色；脚铅褐色。

生态习性：集群活动。栖息于中低海拔的灌丛、次生林、林缘、竹林、沼泽、芦苇和城市园林等。主要以种子、花、果实和花蕾为食，也取食昆虫及其卵。性胆大，不惧人。鸣唱为“rit-rit chididi tssú-tssú-tssíú”声或“ri rit ri ri chididi wíí-tssí-tssu”声。繁殖期 4~8 月，单配制，营巢于树林、灌丛、竹林、芦苇、攀缘植物等地。

分布状况：广泛分布于中国的华中、华北、华南、西南和东北部分地区；陕西省分布于黄土高原以南；陕师大长安校区偶见，曾见于不高山及格物楼西侧树林。

居留型：留鸟。

棕头鸦雀 于晓平 摄

绣眼鸟科 Zosteropidae

小型鸣禽，全球 13 属 148 种，我国 4 属 14 种。体形小巧，羽色近乎全绿色，眼周围具一圈白色绒羽，故得名。喙较小且喙峰下弯，舌能伸缩，舌尖具刷状突，有助于采食花粉；翅长而圆，尾羽短，成平尾状。跗跖强健，在疏林中活动，喜集群栖息于林缘地带。窝卵数 5~7 枚，晚成鸟。陕师大校园分布 1 种。

Zosteropus simplex

暗绿绣眼鸟

Swinhoe's White-eye

三有保护

形态特征：体长 10~12 cm。上体橄榄绿色，前额沾黄色，喉黄色，眼周具白色裸皮，白色眼圈在前侧断开；下体灰白色，尾下覆羽浅柠檬黄色；虹膜褐色或黄褐色；喙黑色，下喙基部稍淡；脚铅灰色至灰黑色。

生态习性：喜集群活动于植被中上层。栖息于落叶林、混交林、灌丛、开阔林地、次生林、耕地、城市公园和果园等。主要在低海拔地区繁殖。杂食性，植物性食物包括嫩芽、种子和果实，动物性食物主要为昆虫。鸣叫为连续的“tsip-tsip-tsip”声。繁殖期 3~8 月，营巢于水平树枝或小枝末端。

分布状况：分布于中国华南、华中、华北、华东地区；陕西省分布于黄土高原以南；陕师大校园罕见。

居留型：夏候鸟。

暗绿绣眼鸟　于晓平　摄

噪鹛科 Leiothrichidae

中型鸣禽，全球 17 属 147 种，我国 12 属 71 种。原属于画眉科，尾部较长，长于各种其他鹛类。喙细直侧扁，先端具不同程度的下弯，上喙尖部多有缺刻；翅短圆，圆形或楔形尾较长。跗跖长，足趾强健，多栖息于灌丛或地面活动，善于跳跃。多数种类善鸣唱或效鸣，另一些种类则善于群鸟共鸣，包括报警鸣叫。许多种类集群，尤其在繁殖期外。窝卵数 3~5 枚。陕师大校园分布 3 种。

Garrulax canorus

画眉

Chinese Hwamei

Ⅱ级保护

形态特征：体长约 21~24 cm 的中型噪鹛。通体棕褐，白色的眼圈在眼后延伸成狭窄的眉纹，头颈至上背、上胸具黑褐色纵纹；腹中部灰色，尾羽具多道不甚明显的黑褐色横斑；虹膜褐色或浅黄；喙黄色；脚黄褐色。

生态习性：喜欢单独生活，秋冬结集小群活动。栖息于中低海拔的灌丛、开阔林地、竹林、芦苇地、花园和公园等地。主要以昆虫为食，也取食部分果实、种子或种植谷物。常在林下的草丛中觅食，不善作远距离飞翔。性机敏胆怯、好隐匿。雄鸟在繁殖期极善鸣唱，声音洪亮，鸣唱种类多且复杂，尾音略似“mo-gi-yiu”声。繁殖期 5~8 月，营巢于灌木、小树和树桩。

分布状况：中国鸟类特有种广泛分布于中国长江以南的山

画眉 于晓平 摄

林地区；陕西省分布于渭河谷地以南；陕师大雁塔校区偶见，曾见于教学六楼北侧。

居留型：留鸟。

Pterorhinus sannio

白颊噪鹛

White-browed Laughingthrush

三有保护

形态特征：体长 22~24 cm。雌雄相似，通体棕褐色，前额至枕部深栗褐色，略具冠羽，眼先、眉纹、颊部及耳羽白色，形成独特的脸部图案；尾下覆羽橙黄色；虹膜褐色；喙黑色；脚灰褐色。

生态习性：除繁殖期成对活动外，其他季节多成群活动。主要栖息于海拔 2000 m 以下的低山丘陵和山脚平原等地的矮树灌丛和竹丛，也栖息于林缘、溪谷、农田和村庄附近的灌丛、芦苇丛和稀树草地，甚至出现在城市公园和庭院。杂食性。通常不惧人。鸣声为单调拖长的“jiu-jiu”声。繁殖期 5~8 月，营巢于距地面 0.6~6 m 的茂密灌木、树木、芦苇、竹林或建筑物屋顶。

分布状况：广泛分布于中国南方地区；陕西省分布于渭河谷地及以南；陕师大两校区极常见。

居留型：留鸟。

白颊噪鹛 廖小青 摄

Leiothrix lutea

红嘴相思鸟

Red-billed Leiothrix

形态特征：体长 14~15 cm。头顶橄榄绿色，眼先淡黄色，前额两侧略带黑色，耳羽浅黄绿色，喉部及上胸黄色，具黑色髭纹；初级、次级飞羽黑色，外翈橙黄色而基部红色，形成彩色的翼上图案；背部、三级飞羽、两胁、腹部两侧及尾上覆羽灰色；下体污黄；尾羽黑色分叉而末端略外翻；虹膜褐色；喙红色；脚黄褐色。

生态习性：繁殖期成对活动，非繁殖期喜集群或与其他鸟混群；栖息于常绿阔叶林、混交林、林缘、次生林、灌丛和竹丛等多种次生生境。杂食性，主要取食果实和无脊椎动物。鸣叫为低沉短促的“zhirk”声或“zhri-zhri-zhri”声，鸣唱长而复杂。繁殖期 4~10 月，营巢于密集植被中较低的树枝。

分布状况：中国分布于包括台湾在内的秦岭及其以南地区；陕西省分布于秦岭北麓及以南；陕师大两校区偶见，曾见于雁塔校区小粉楼（学生宿舍 10 号楼）附近，长安校区格物楼西侧树林及家属区。

居留型：留鸟。

红嘴相思鸟　于晓平　摄

䴓科 Sittidae

小型鸣禽，全球 1 属 29 种，我国 2 属 12 种。形态结构和习性似山雀，适于在树上攀缘啄虫。喙强直而尖，适于凿啄树皮；脚、趾强健，爪弯长，适于抓持；体羽蓬松而稀散，羽枝柔软；翅短圆，尾短，方形或略圆形。雌雄同色，体羽以蓝灰色为主，常具黑色过眼纹。主要以昆虫及种子为食，非繁殖期常与山雀混群活动。在树干凿洞或利用天然树洞为巢，有以泥土等修饰洞口及洞腔的习性。巢与卵均似山雀，由雌鸟孵化 14~15 天。为农林益鸟。陕师大校园分布 1 种。

Sitta europaea

普通䴓

Eurasian Nuthatch

形态特征：体长约 12~17 cm。雄鸟上体蓝灰色，贯眼纹黑色，飞羽近灰褐色。中央尾羽暗蓝灰色，下体棕黄色，喉和颊有少量灰白色，尾下覆羽浓栗红色，具白斑；雌鸟羽色不及雄鸟鲜艳，贯眼纹有时呈深褐色；幼鸟羽色暗淡；虹膜深褐色；喙深灰色；脚肉褐色。

生态习性：成对或集小群活动；栖息于山地森林和低地平原的森林、城市公园、果园等地。杂食性，以昆虫为主。性活泼。鸣唱为一串重复的高频率单调哨音，似“whip-whip-whip-”声，比黑头䴓略慢，且句子较短；鸣叫为响亮的“zhar-zhar”声。繁殖期 4~5 月，营巢于啄木鸟的弃洞、天然树洞或于树干上凿洞。

分布状况：广泛分布于中国东北、华北、华中、华南、西南等地，地区性常见；陕西省分布于黄土高原以南；陕师大长安校区和雁塔校区偶见。

居留型：留鸟。

普通䴓　廖小青　摄

鹪鹩科 Troglodytidae

小型鸣禽，全球 19 属 86 种，我国 1 属 1 种。喙长直狭窄，尖端稍曲；鼻孔裸出；翅短圆，尾羽短小而柔软；脚稍长而强壮，趾、爪较大，适于在水边奔走。幼鸟具斑或纵纹。性活泼而胆怯，栖息于山区茂密潮湿阴暗的树林灌丛中，冬季迁至平原越冬。繁殖期营巢于山区茂密丛林中。巢呈圆屋顶状或圆形深碗状，由干草、细枝、落叶和苔藓构成，侧开出入口。许多种类的雄鸟有建伪巢的习性，通常认为这是一种求偶行为。终年以昆虫为食。窝产卵 2~8 枚，由雌鸟孵化，孵化期 12~16 天。陕师大校园分布 1 种。

Troglodytes troglodytes

鹪鹩

Eurasian Wren

三有保护

形态特征：体长 9~10 cm 的小型鸣禽。上体棕褐色，具浅色眉纹，眼先、耳羽及颊部羽色较淡，各羽具淡褐色端斑，形成细密斑点；前胸浅棕色，下背至尾以及两翅满布黑褐色横斑，尾短；虹膜深褐色；上喙近黑色，下喙色浅；脚肉褐色。

生态习性：常单独活动。栖息于近水的林地下层。主要以节肢动物等无脊椎动物为食，也取食小鱼、蝌蚪等小型脊椎动物；性隐蔽。鸣声为一连串单调的“che che che che”颤音。繁殖期 5~7 月，营巢于茂密植被中，也见于洞穴或缝隙中，较常见一雄多雌制。

分布状况：中国分布广泛；陕西省地区性常见；陕师大两校区偶见，长安校区曾见于格物楼西侧树林。

居留型：留鸟。

鹪鹩 于晓平 摄

椋鸟科 Sturnidae

中型鸣禽，全球36属125种，我国11属22种。喙较长而直，上喙先端稍有下弯，端部微具缺刻；翅圆或尖形，尾中等长，方尾，善飞行；脚稍长而健壮；有的在头部具黄色肉垂。体羽色暗，具金属光泽或具鲜艳的羽毛，每年秋季换羽1次。幼鸟多具纵纹。杂食性，在洞穴内筑巢或在树上筑悬挂的袋状巢。产卵3~4枚，多为雌鸟孵化，孵化期14~16天。鸣声单调而刺耳，一些种类善于效鸣。陕师大校园分布4种。

Acridotheres cristatellus

八哥

Crested Myna

形态特征：体长25~27 cm的中型椋鸟。雌雄相似，通体黑色，前额具黑色羽簇，初级飞羽基部白色，形成白色翼斑，尾下覆羽黑色具白色横纹，尾羽黑色具白色端斑；幼鸟色偏褐；虹膜橙黄色；喙象牙色，基部沾浅红色；脚黄色。

生态习性：成对活动，冬季也集群活动。栖息于低海拔开阔地带，包括草原、农田、林地、村庄、公园、花园和果园，城市中亦常见。杂食性，以昆虫和果实为主。适应力强，逃逸个体在多个城市中形成了稳定种群。鸣唱嘹亮，鸣叫嘈杂，常发出“jaaay、jaaay、jaaay”的短声。繁殖期4~7月，营巢于各种洞穴中，如树木、电线杆、排水管、人工巢箱和墙壁缝隙等处。

分布状况：见于中国黄河以南大部分地区；陕西省分布于

秦岭以南及渭河谷地；陕师大两校区偶见。

居留型：留鸟。

八哥 于晓平 摄

Spodiopsar sericeus

丝光椋鸟

Red-billed Starling

LC 三有保护

形态特征：体长约 21~24 cm。雄鸟头颈部污白色，颈部有深灰色颈环与灰色的背部及下体相连，颈部及背部羽毛延长成丝状；翅及尾黑色，初级飞羽基部白色形成白色翼斑；尾下覆羽白色；雌鸟似雄鸟而头部棕白色，仅喉部白色；幼鸟体羽更偏灰褐色；虹膜深褐色；喙红色，尖端暗色；脚橙黄色。

生态习性：集群活动。栖息于有稀疏树木的低山丘陵开阔地带，包括农田、花园、公园和灌丛等地。主要取食植物果实、种子和昆虫。叫声为粗糙的“jreee”声，鸟群聚集时较为喧闹。繁殖期 5~7 月，营巢于树洞或屋顶、墙壁的洞穴中。

分布状况：广泛分布于中国华北、华中、华南、东南和西南地区；陕西省分布于渭河谷地以南；陕师大长安校区和雁塔校区偶见，常与灰椋鸟混群，曾见于昆明湖及家属区。

居留型：夏候鸟。

丝光椋鸟 于晓平 摄

Spodiopsar cineraceus

灰椋鸟

White-cheeked Starling

三有保护

形态特征：体长 22~24 cm。头部黑褐色，头顶、眼先及耳羽白色具黑色杂纹；颈部及胸部深褐色；背部、覆羽及下体褐色，具灰褐色细纹；飞羽黑褐色，次级飞羽外翈具白色，形

成浅白色翼纹；腰部及尾下覆羽白色，尾羽黑色而末端具白斑；幼鸟耳羽灰褐色，体羽亦更灰；虹膜深褐；喙橙色，尖端暗色；脚橙黄色。

生态习性：繁殖期成对或集小群活动，冬季集大群活动。主要栖于低山丘陵和开阔平原地带，包括林地、农田、公园和城镇等生境。主要以昆虫为食，秋冬季则主要以植物果实和种子为主。休息时多栖于电线上、电柱上和树木枯枝上。鸣叫为单调嘈杂的“chir-chir-chay-cheet-cheet”声。繁殖期 4~7 月，营巢于树洞、屋檐下或巢箱内，有时也在陡峭河岸上挖掘洞巢。

分布状况：繁殖于中国东北、华北和西北东部，部分个体冬季不迁徙，黄河以南主要为越冬个体；陕西省广泛分布；陕师大两校区常见，秋冬季常集群在柿树林觅食，常于文渊楼附近绿化带和不高山夜栖。

居留型：留鸟。

灰椋鸟　于晓平 摄

Agropsar sturninus

北椋鸟

Daurian Starling

三有保护

形态特征：体长 16~19 cm。雄鸟繁殖羽头颈、腰部及下体灰白色，后枕具小块黑色斑，常磨损消失，背部羽毛丝状延长而呈紫黑色，中覆羽白色亦延长，大覆羽黑色具白色端斑，亦常磨损消失，飞羽及尾羽黑色闪绿色金属辉光；非繁殖羽头颈部灰色，与下体对比明显；雌鸟似雄鸟而背部褐色，头部及下体颜色更灰，金属辉光不明显；幼鸟似雌鸟而飞羽及尾羽褐色；虹膜深褐色，喙铅灰色；脚灰绿色。

生态习性：成对或集小群活动于多林地带。主要繁殖于低地混交林、林间空地、沿河林地和村庄，非繁殖期也出现在林缘、次生林、沿海植被、农田和公园等地。杂食性，主要取食昆虫，也吃植物果实和种子。性谨慎，能够飞捕昆虫。通常较安静，鸣叫为单调的“zhar”声，鸣唱为连串的“zarzar”声并杂有“zerzer”声。繁殖期 5~6 月，营巢于树洞或墙缝中。

分布状况：繁殖于中国东北、华北至陕西，迁徙时经过我国东部大部分地区；陕西省可见；陕师大雁塔校区春夏季节偶见，曾见于曲江流饮附近。

居留型：夏候鸟。

北椋鸟 李飏 摄

鸫科 Turdidae

中型鸣禽，全球 17 属 175 种，我国 5 属 38 种。喙较短健，略侧扁，上喙先端微具缺刻；体羽较丰满柔软，翅尖，较长，善飞翔；跗跖长而强健，被靴状鳞片。体羽大多杂色，幼鸟羽毛多具斑纹。大多数能在地面奔行觅食。营巢于树上或洞穴中，大型种类（鸦）的巢材以泥土加固。每窝产卵以 4~8 枚居多，多为雌鸟孵化，孵化期 12~15 天。陕师大校园分布 10 种。

Zoothera aurea

虎斑地鸫

White's Thrush

三有保护

形态特征：体长 24~30 cm 的大型鸫类。上体橄榄黄色，具黑色鳞状斑纹，背部颜色较浅，偏金黄色或黄褐色，耳羽处有月牙形黑斑；下体白色而具黑色鳞状斑；尾黑色至橄榄褐色，外侧尾羽端部白色；虹膜黑褐色；上喙黑色，下喙基部肉色；脚肉粉色。

生态习性：常单独活动。主要繁殖于山地针叶林、混交林、阔叶林，迁徙时出现于各种灌丛丰富的生境，冬季选择较开阔的常绿阔叶林、竹林、灌丛、草坪、城市公园和林缘地带越冬。主要以昆虫为食。性谨慎，在地面行走觅食，遇到危险迅速飞至附近树上静止不动，少见于树冠层。通常非常安静，鸣叫为单调的“sreeeet”声，鸣唱是间隔几秒重复的简单口哨声。繁殖期 4~8 月，营巢于树杈、灌丛。

分布状况：中国大部分地区均有分布，繁殖于东北北部，越冬于华东、华南、西南各地，其余地区为旅鸟；陕西省分布于秦岭北坡及以南；陕师大两校区春秋偶见，曾见于雁塔校区教学五楼北侧，长安校区格物楼西侧树林及文津楼南侧树林。

居留型：旅鸟。

虎斑地鸫 廖小青 摄

Turdus hortulorum

灰背鸫

Grey-backed Thrush

LC 三有保护

形态特征：体长 20~23 cm 的小型鸫类。雄性上体与上胸灰色，腹部白色，下胸与两肋橙色，颏、喉有模糊的棕褐色纵纹，胸部有灰色稍深斑点；雌性上体棕褐色，颏、喉与下体白色，胸部有深褐色斑点；幼鸟似雌性，但胸部斑点范围更广，两肋橙色更少；虹膜黑褐色；雄性喙黄色，雌性喙黑褐色；脚肉粉色。

灰背鸫（雄） 费艺帆 摄

灰背鸫（雌） 于晓平 摄

生态习性：繁殖期单独或成对活动，冬季会集松散小群。栖息于茂密的常绿阔叶林、开阔的落叶林、河流沿岸和低山丘陵地带。杂食性，取食昆虫、蜗牛和果实等。迁徙途中性隐蔽，非常谨慎。常藏身于树冠层，偏爱靠近水边的环境。鸣叫为尖细的“zizi”声，警告时发出“tsee”或“chee”声，常站在树梢鸣唱，鸣唱包括几个快速重复的口哨音和高音调的颤音，富有变化。繁殖期 5~8 月，营巢于小树细枝上，偶见营巢于洞中。

分布状况：繁殖于中国东北地区，迁徙经北京及东部沿海各地，越冬于长江流域以南地区，越冬区内较为常见；陕西省地区性可见；陕师大长安校区迁徙季偶见，曾见于格物楼西侧树林。

居留型：旅鸟。

Turdus dissimilis

黑胸鸫

Black-breasted Thrush

LC 三有保护

形态特征：体长 22~24 cm 的中型鸫类。雄鸟头颈及上胸黑色，余部上体灰色，下胸和两胁橙棕色，余部下体白色，尾灰色；雌鸟上体橄榄褐色，耳羽具斑纹，喉及胸部具黑色圆斑，下胸和两胁橙棕色，余部下体白色，尾深橄榄色；幼鸟似雌鸟，但头部和肩部有细微斑点和条纹；虹膜黑褐；雄鸟喙黄色，雌鸟喙黄褐色；脚粉橘色。

生态习性：常单独或成对活动，有时也见小群。繁殖于针叶林、常绿阔叶林和混交林，冬季也出现在灌丛和红树林。主要以昆虫、软体动物和浆果为食。常在地面上觅食，有时到果

黑胸鸫（雄）　于晓平　摄

黑胸鸫（雌）　于晓平　摄

树上。鸣叫声为“tuc-tuc-tuc”“chup-chup-chup”声或尖细的“seeee”声，鸣唱悠扬动听，可能包括一些效鸣。繁殖期 5~6 月，营巢于小树或灌丛树杈上，偶尔也在地面或岸边的洞里筑巢。

分布状况：分布于中国云南、贵州、四川西南部、广西、西藏各地；《陕西鸟类新纪录》（费艺帆、朱筱佳著，待发表）中首次记录于陕师大长安校区。

居留型：留鸟。

Turdus cardis

乌灰鸫

Japanese Thrush

三有保护

形态特征：体长 21~23 cm 的小型鸫类。雄鸟头及上胸黑色，上体余部灰色，下体余部白色，两胁浅灰色，有时带少量浅橙色，腹部及两胁具黑色点斑；雌鸟上体棕褐，下体白色，胸侧及两胁橙褐色，胸部沾浅褐色，胸及两侧具黑色点斑；幼鸟似雌性，部分雄性幼鸟似成年雄性或似雌性但上体偏灰黑，并具有更多的黑灰色斑点；虹膜黑褐；雄鸟喙黄色，雌鸟喙棕黄色；脚肉色。

生态习性：单独或成对活动，越冬时集小群。栖息于落叶林、混交林，偏好阴暗的山谷、河边稀疏灌丛、林缘地带，迁徙或越冬时也出现在林地、农田和公园等地。主要以昆虫为食，也取食掉落的果实。地栖性，多在林下地面上觅食。常在树冠层鸣叫，鸣叫包括“chuk”声和尖细的“ziiii”声，鸣唱长且带颤音，忽高忽低，繁殖期 5~8 月，营巢于 1~4.5 m 高的树杈上，通常在靠近水域的地方筑巢。

乌灰鸫（雄） 费艺帆 摄

分布状况：繁殖于中国中部地区，迁徙经我国东部大部分地区，越冬于华南及西南地区；陕西省分布于渭河谷地；陕师大两校区夏季较常见。

居留型：夏候鸟。

Turdus mandarinus

乌鸫

Chinese Blackbird

三有保护

形态特征：体长 28~29 cm 的大型鸫类。雄鸟通体黑色，眼圈黄色；雌鸟羽色偏黑褐，颏、喉、上胸有深色纵纹；幼鸟头顶褐色，喉、胸污白色，胸具黑斑；虹膜黑褐；雄鸟喙黄色，雌鸟和幼鸟喙黄褐色；脚黑色。

生态习性：单独或成对活动，有时集小群活动。繁殖于各

乌鸫（雄） 于晓平 摄

乌鸫（雌） 于晓平 摄

种类型的开阔林地，包括落叶林、林缘、公园、果园和草地等地。以无脊椎动物为食，尤其喜好蚯蚓，也取食植物种子和果实。性活跃而不惧人。鸣叫较为尖锐，为“chakchakak”声，也有较为柔和的“ssree”声，婉转多样，善于效鸣。繁殖期 3~7 月，营巢于灌木、墙壁上或树上。

分布状况：广泛分布于中国中东部。北起北京、内蒙古东部，西抵甘肃、四川、云南，南至海南均有记录；陕西省分布于渭河谷地及以南；陕师大两校区极常见。

居留型：留鸟。

Turdus rubrocanus

灰头鸫

Chestnut Thrush

形态特征：体长 25~28 cm。雄性身体栗橙色，头灰色，具黄色眼圈，翅和尾黑色，尾下覆羽黑色带白色羽缘；雌性与雄性相似，但雌性体色更暗淡，头灰白色；虹膜深褐；喙黄色；脚黄色。

生态习性：常单独或成对活动。栖息于海拔 2300~3300 m 的针叶林、针阔混交林，冬季也出现在果园、公园等地。取食昆虫、蠕虫和蛞蝓等小型无脊椎动物及浆果。鸣唱相比其他鸫略单调，由 3~8 个重复音组成，鸣叫有嘎嘎声、短促尖细的咔嚓声；繁殖期 4~8 月，营巢于树根下的裸露河岸、树上或低矮悬崖上。

分布状况：中国境内分布于中部和西南地区；陕西省分布于渭河谷地以南；陕师大校园夏季偶见。

居留型：留鸟。

灰头鸫 于晓平 摄

Turdus obscurus

白眉鸫

Eyebrowed Thrush  三有保护

形态特征：体长 21~23 cm 的中小型鸫类。雄鸟上体橄榄褐色，头、颈灰褐色，具白色眉纹，眼下有弧形白纹，胸和两胁橙黄色，腹和尾下覆羽白色；雌鸟头和上体橄榄褐色，喉白色而具褐色条纹，但羽色稍暗；虹膜黑褐；上喙暗棕色，下喙黄色；脚橙黄色。

生态习性：单独或成对活动，冬季多与其他鸫类混群。繁殖于阴暗潮湿的泰加林、针阔叶混交林和针叶林林缘。常于溪边筑巢，迁徙及越冬时也出现于开阔的常绿落叶林、次生林、

白眉鸫（雄）　于晓平　摄

白眉鸫（雌）　廖小青　摄

山坡灌丛、果园和农田等地。主要以昆虫等无脊椎动物为食，也取食植物果实。鸣叫包括“dack-dack”“ziiii”“teep”“turrr”声，飞鸣为单调的“zip-zip”声。繁殖期5~7月，营巢于林下小树的树杈上。

分布状况：繁殖于中国黑龙江北部，迁徙经除西部外的全国大部分地区，越冬于华南和西南地区；陕西省地区性可见；陕师大长安校区迁徙季偶见，曾见于格物楼西侧树林、校务楼南侧绿化带。

居留型：旅鸟。

Turdus ruficollis

赤颈鸫

Red-throated Thrush

LC 三有保护

形态特征：体长24~27 cm的中型鸫类。雄性上体冷灰色，眉纹、颏、喉、颈侧至上胸棕红色，下体灰白色，外侧尾羽基部红色；雌性红色浅，髭纹处、胸前有黑斑；幼鸟呈暗灰色，喉部浅灰色，胸部和下体具浅褐色斑点，略有皮黄色眉纹；虹膜深褐；雄性上喙灰黑色，喙基和下侧黄色，下喙黄色，尖端黑色，雌性喙棕褐色；脚褐色。

生态习性：繁殖期单独或成对活动，冬季常与其他鸫类混群。繁殖于稀疏针叶林，迁徙、越冬时出现于开阔林地、灌丛、果园和公园等地。主要以蜘蛛、蚯蚓、苍蝇等无脊椎动物为食，秋冬季多取食浆果和种子。鸣叫为“kwee-kweek”“skrie-kri-kriek-kukukukuk-sweesweek”声，飞鸣为“tseep”声，鸣唱杂乱无章；繁殖期5~7月，营巢于较低的树桩或树杈上，偏好落

赤颈鸫（雄）　于晓平　摄

赤颈鸫（雌）　于晓平　摄

叶松、杨树和雪松。

分布状况：繁殖于中国新疆西北部，迁徙经过东北、西北大部分地区，主要越冬于东北南部、华北、西南地区；陕西省分布于秦岭以北；陕师大长安校区迁徙季偶见，曾见于格物楼西侧树林。

居留型：旅鸟。

Turdus naumanni

红尾斑鸫

Naumann's Thrush

三有保护

形态特征：体长 23~25 cm 的中型鸫类。体背颜色以棕褐色为主，下体白色，两胁及胸部具红棕色斑纹；雄鸟具棕红色

红尾斑鸫 于晓平 摄

眉纹，喉红色，髭纹处具少量黑色斑点，覆羽上具红色斑块；雌鸟喉部较淡，翅上棕色较少，尾羽颜色较深；虹膜褐色；喙黑褐色，下喙基部黄色；脚淡褐色。

生态习性：迁徙及越冬时集小群至大群活动，会与其他鸫类混群。繁殖于稀疏泰加林、河边林地，越冬于开阔林地、农田边缘和城市绿地等。主要以昆虫为食，也取食少量植物种子。较胆大，有时停留在树顶歇息。鸣声为连串的“cheeh”声，警告时发出“swer-swer-swer”声，鸣唱似斑鸫。繁殖期 5~8 月，营巢于孤立的树上。

分布状况：中国除西藏、海南外，出现于大部分地区，东部地区常见，西部地区偶见或罕见；陕西省大部可见；陕师大两校区冬季常见。

居留型：冬候鸟。

Turdus eunomus

斑鸫

Dusky Thrush

形态特征：体长 23~25 cm 的中型鸫类。雄鸟耳羽及胸上横纹黑色而与白色的喉、眉纹及臀成对比；上体黑色，肩背具棕色鳞状斑纹，翅棕色；下腹部黑色而具白色鳞状斑纹；雌鸟褐色及皮黄色较暗淡，下胸黑色点斑较小；虹膜褐色；上喙偏黑，下喙黄色；脚黄色。

生态习性：迁徙及越冬时集小群至大群活动，并会与其他鸫类混群。繁殖于低地的稀疏泰加林，也会在山地繁殖，冬季在山坡灌丛、开阔草地、稀疏林地、农田、果园和公园活动。

主要以昆虫为食，亦取食植物的果实种子。性活泼。鸣叫似红尾斑鸫，包括“kveveg”声，尖锐的“shrrrt”“spirr”声，警告时发出“chek-chek-chek-chek”声，鸣唱由包括似笛音、口哨音和颤音的 3~5 个短句组成。繁殖期 5~8 月，营巢于孤立的树上。

分布状况：中国除西藏外广泛分布；陕西省广泛分布；陕师大长安校区冬季常见，常与红尾斑鸫集群于格物楼西侧树林夜栖。

居留型：冬候鸟。

斑鸫 于晓平 摄

Turdus mupinensis

宝兴歌鸫

Chinese Thrush

LC 三有保护

形态特征：体长22~24 cm的中等大小鸫类。上体橄榄褐色，眉纹棕白色，脸颊皮黄具黑色细纹，耳羽有月牙状黑斑，下体白色，密布圆形黑色斑点，具两道近白色翅斑；虹膜黑褐；喙污黄；脚暗黄。

生态习性：单独或集小群活动。繁殖于较高海拔山地针的阔叶混交林和针叶林中，尤其喜欢栖息在河流附近潮湿茂密的栎林和林下灌丛。主要以昆虫幼虫为食。多在林下灌丛中或地上寻食。鸣叫为快速的“chu-wiwiwiwi”声，鸣唱为3~5个间隔长的短句。繁殖期5~7月，营巢于树枝或树干上。

分布状况：地区性见于中国中部、西南地区，以及其陕西南部、宁夏、甘肃南部；夏候鸟见于太行山区，并沿太行山延伸至北京、河北北部；陕西省地区性常见；陕师大长安校区可见，曾见于格物楼西侧树林和田家炳会堂西侧树林。

居留型：留鸟。

宝兴歌鸫 于晓平 摄

鹟科 Muscicapidae

小型鸣禽，全球 51 属 345 种，我国 24 属 110 种。体形比麻雀稍小。喙扁平，喙基部宽阔，上喙端微具缺刻，喙峰具脊，喙须发达；鼻孔被垂羽掩盖；翅多数较尖长，折合时可达尾羽一半，尾羽长短不一；脚细小，趾细弱。雌雄羽色相似或不同，羽色以灰、褐色为主，雄鸟羽色多艳丽，幼鸟羽色多具斑点。以昆虫为主食，常栖息于树枝顶端，偶尔突然飞起捕捉空中飞虫。多善鸣叫。营巢于树枝间或灌木丛、树洞或岩隙中。每窝产卵以 4~5 枚居多，少数仅 1~2 枚。陕师大校园分布 9 种。

Niltava davidi

棕腹大仙鹟

Fujian Niltava

三有保护

形态特征：体长 16~19 cm。雄鸟上体亮蓝色，除头顶和后颈外头部其他区域黑色，飞羽羽缘沾棕褐色，下体棕色，下腹较胸部色浅；雌鸟上体灰褐色，颈侧具蓝色斑，上胸部白色，下胸部灰褐，下体余部白色；虹膜暗褐色；喙黑色；脚黑色。

生态习性：常单独或成对活动。繁殖于海拔 1000 m 以上的常绿阔叶林，迁徙时也见于灌丛和公园。主要以昆虫为食，也取食少量植物果实和种子。主要在林中层和灌木丛活动，常立于树枝上飞捕昆虫。鸣声为尖锐而具金属音的“yi-yi-yi”声，鸣唱为重复的尖细“sssssew”和“ssiiiiii”声。繁殖期 5~7 月，营巢于陡岸岩坡洞穴中或石隙间，偶也在天然树洞中营巢。

分布状况：见于中国华中、西南和华南地区，包括海南和

棕腹大仙鹟（雄） 费艺帆 摄

台湾；陕西省分布于秦岭北坡以南；陕师大两校区罕见。

居留型：夏候鸟。

Larvivora cyane

蓝歌鸲

Siberian Blue Robin

三有保护

形态特征：体长 13~14 cm。雄鸟上体蓝色，因年龄与个体差异而带有不同程度的褐色区域，眼先、头侧和颊部黑色，耳羽近黑色；下体白色；雌鸟上体褐色，下体黄褐色，胸部具不明显鳞状斑纹，腰及尾上覆羽略显蓝色；虹膜黑褐；喙黑色；脚粉白。

生态习性：常单独或成对活动。繁殖期主要栖息于山地树林，尤喜林中道路旁的森林地带，迁徙时多见于林下植被状况较好的低海拔阔叶林。杂食性，以各类昆虫等无脊椎动物为主。

蓝歌鸲（雄） 王小平 摄

蓝歌鸲（雌） 张岩 摄

性胆怯，见人后常躲至灌丛。地栖性，常在林下灌丛的地面处活动，善在地面快速奔走，较少上树栖息。站姿较平，行走时喜不时上下摆尾。鸣声为响亮而具金属音的“yi-yi-yi-yi ju ju ju”声。繁殖期 5~7 月，营巢于陡峭的地面、河岸和灌丛。

分布状况：中国见于除西部以外各地，在多数地区为旅鸟；陕西省分布于秦岭北坡以南；陕师大长安校区春季偶见，曾见于格物楼西侧树林，常于林下灌丛活动。

居留型：旅鸟。

Calliope calliope

红喉歌鸲

Siberian Rubythroat

LC 三有保护

形态特征：体长 14~16 cm。雄鸟上体棕褐色，脸颊灰褐色，具白色细眉纹和髭纹，喉红色；腹部白色，两胁皮黄；雌鸟喉白色，部分个体白色中可见少许红色；虹膜深褐色；喙黑色；脚粉褐。

生态习性：常单独或成对活动，迁徙时偶见小群。常栖息于低山丘陵和山脚平原的阔叶林、混交林或针叶林，喜近溪流的林缘和灌丛。求偶期雄鸟常在灌丛顶端或电线上鸣唱。杂食性，以昆虫为主，少量取食植物。性羞怯，多隐藏在灌丛下，偏地栖性，善于在地面奔走和觅食，有时至灌丛低枝上活动。鸣声为响亮的“yu yu ju wei wei”哨声或低沉的“chakh”“huiit-tak-tak”声。繁殖期 5~7 月，营巢于地面灌丛或茂密的草丛中。

红喉歌鸲（雄） 于晓平 摄

红喉歌鸲（雌） 赵纳勋 摄

分布状况：中国东北、甘肃、青海及南部地区为冬候鸟，其余各地为旅鸟；陕西省大部地区可见；陕师大长安校区春秋季偶见，常于林下灌丛活动。

居留型：旅鸟。

Tarsiger cyanurus

红胁蓝尾鸲

Orange-flanked Bush-robin

三有保护

形态特征：体长 13~14 cm。雄鸟上体亮蓝色，头部蓝灰色，具白色眉纹，颏、喉及胸部棕白色；两胁橙红色，飞羽沾深褐色，腹至尾下覆羽白色；雌鸟整体呈黄褐色，喉白，胸沾褐色，其余下体白色，尾羽蓝色；虹膜褐色；喙黑色；脚灰黑。

生态习性：常单独或成对活动，迁徙时偶见集小群活动。繁殖期常在海拔 1000 m 以上的山地和林缘灌丛地带活动，迁徙及越冬时亦至低山丘陵、山脚平原的次生林、竹林、疏林灌丛及路边灌丛。杂食性，主要取食昆虫，也取食少量植物果实与种子。不甚惧人，主要在地面或林下灌丛活动。鸣声为清脆的“ju wei ju ju wei”声。繁殖期 5~8 月，营巢于树干、树根、河岸、陡坡中的洞里。

分布状况：繁殖于中国华北、东北、西北，迁徙时见于各地；陕西省广泛分布；陕师大两校区春秋季较常见。

居留型：旅鸟。

红胁蓝尾鸲（雄） 廖小青 摄

红胁蓝尾鸲（雌） 于晓平 摄

Myophonus caeruleus

紫啸鸫

Blue Whistling Thrush

 三有保护 

形态特征：体长 29~35 cm。通体深蓝紫色且发黑，覆羽上具一排浅色亮斑，除两翼和尾部外，全身密布浅蓝紫色斑点和斑纹；虹膜暗褐色；喙黑色；脚黑色。

生态习性：单独或成对活动。繁殖于海拔 1000~4000 m 的常绿阔叶林、混交林、灌丛、溪流和河流，有时也出现在远离水域的地方，如开阔岩石地和农田，冬季栖息于低海拔地区。主要以昆虫为食。性活泼机警，在潮湿的地面翻动树叶寻找食物，常在泥泞的水边觅食。鸣叫包括“skreee”“fwiiiii”声，示警时发出刺耳尖锐的“tzeet tze-tze-tzeet”声或“fwiiiiii”声，鸣唱杂乱无章，似口哨音。繁殖期 4~7 月，营巢于崖壁、岸边、桥梁、建筑物的洞中或树杈上。

紫啸鸫 于晓平 摄

分布状况：分布较广，于中国华北、华东、华中、华南和西南等地均有分布；陕西省分布于渭河谷地以南；陕师大长安校区春夏季节偶见，曾见于格物楼西侧树林。

居留型：夏候鸟。

Ficedula zanthopygia

白眉姬鹟

Yellow-rumped Flycatcher

形态特征：体长 13~13.5 cm。雄性前额至背部及翅、尾黑色，腰黄色，具白色眉纹和宽阔翼斑，喉至腹部明黄色，春季喉胸部沾橙色，尾下覆羽白色；雌性上体灰橄榄色，眉纹极浅或无眉纹，腰黄色，具白色翼斑，下体浅灰黄色，喉胸部斑驳，尾下覆羽白色；虹膜深褐；喙黑色；脚黑色至浅灰色。

生态习性：常单独或成对活动。栖息于海拔 1200 m 以下的低山丘陵和山脚地带的阔叶林、针阔混交林、次生林和人工林，非繁殖期也出现在公园、花园等地。取食小型无脊椎动物和浆果，常从树枝上飞起捕食飞虫后返回。鸣唱为一连串低沉的口哨声，鸣叫为“prrip-prrip-piip”或“trrrrt”等。繁殖期 5~7 月，营巢于树洞、树枝、树干等地，偶也使用人工巢箱。

分布状况：中国境内分布于宁夏、新疆、西藏外大部分地区；陕西省分布于渭河谷地以南；陕师大校园夏季偶见。

居留型：夏候鸟。

白眉姬鹟　于晓平　摄

Ficedula albicilla

红喉姬鹟

Taiga Flycatcher

三有保护

形态特征：体长 11.5 cm。雄鸟上体灰黄褐色，繁殖期喉橙红色，非繁殖期近白色；胸灰色，其余下体淡黄白色；尾上覆羽黑色，外侧尾羽基部白色；雌鸟似非繁殖期雄鸟，胸灰白色；虹膜深褐色；喙黑色；脚黑色。

生态习性：常单独或成对活动，迁徙或越冬时可见小群。繁殖于海拔 1800 m 以下的低山丘陵地带的阔叶林等地，迁徙

红喉姬鹟（雄） 于晓平 摄

红喉姬鹟（雌） 廖小青 摄

季节和冬季常至低山或平原地带的次生林、林下灌丛等地。主要以昆虫为食。常停歇在树枝上飞捕昆虫，常在林中层和林下灌丛及地面活动，喜上下摆尾。性活跃。鸣声包括具颤音的“da-da-da”声、快速的“trrrrr”声，鸣唱为短而快速的颤音和哨声组合。繁殖期 5~8 月，营巢于树上或墙壁的洞中或树枝上。

分布状况：迁徙经中国各地；陕西省大部地区广泛分布；陕师大长安校区迁徙季较常见。

居留型：旅鸟。

Phoenicurus hodgsoni

黑喉红尾鸲

Hodgson's Redstart

三有保护

形态特征：体长 13~16 cm。雄鸟前额白色，下体颏、喉、胸均黑色，头顶至背灰色；腰、尾上覆羽和尾羽棕色或栗棕色，中央一对尾羽褐色；两翅暗褐色，具白色翼斑且边缘不清晰，其余下体棕色；雌鸟上体和两翅灰褐色，无翼斑，腹部颜色较淡，偏灰褐色，尾下覆羽浅棕色；虹膜暗褐色；喙黑褐色；脚黑褐色。

生态习性：单独、成对或集小群活动。主要栖息于海拔 2000~4000 m 的高山和高原灌丛、草地、林缘、疏林和河谷中，秋冬季节多下到中低山和山脚地带的疏林、林缘灌丛、居民点及农田附近活动，有时也出现在果园、庭院绿篱和路边行道树上。主要以昆虫为食。习惯性抖尾，可空中飞捕昆虫，多在地上草丛和灌丛中活动，也常在低矮树丛间飞行。鸣叫为尖锐的“zizi”声，警报时发出“trrr”“tschrrr”声，鸣唱语句多变、

黑喉红尾鸲（雄） 费艺帆 摄

黑喉红尾鸲（雌） 于晓平 摄

节奏轻快。繁殖期 5~7 月，营巢于树根、树桩、岩石、墙壁或河岸的缝隙中。

分布状况：中国西藏南部及东南部、青海东部、甘肃、陕西南部、四川西部、云南西北部；陕西省分布于秦岭山地；陕师大长安校区夏季罕见。

居留型：夏候鸟。

Phoenicurus auroreus

北红尾鸲

Daurian Redstart

形态特征：体长 13~15 cm。雄鸟头顶呈灰白色，背黑色，带褐色鳞状羽缘，经磨损可变为纯黑色；翅黑色，具三角形白色翼斑；头侧、颈侧、颏喉和上胸黑色，下体橙棕色；尾羽橙棕色，中央一对尾羽黑色；雌鸟上体橄榄褐色，下体暗黄褐色，胸沾棕色，腹中部近白色；虹膜褐色；喙黑色；脚黑色。

生态习性：单独或成对活动。繁殖于山地、林缘和河谷等地，冬季出现在各种阔叶林地、灌丛环境，也会出现在城市内。主要以昆虫为食。喜停立时不停点头和抖尾，飞起啄食昆虫后常回到原栖处，性胆怯。鸣叫为富有节奏的“ji-ji-ji-ji”声，警报时发出尖锐的“tsip”“fit”“teck teck”声，鸣唱为一串带颤音且富有变化的声音。繁殖期 5~8 月，营巢于地面、树木、岩石、墙壁、河岸和建筑物的洞中。

分布状况：中国除新疆、西藏西部、青海西部外，遍布全国各地；陕西省广泛分布；陕师大两校区迁徙季偶见。

居留型：留鸟。

北红尾鸲（雄） 于晓平 摄

北红尾鸲（雌） 于晓平 摄

Phoenicurus fuliginosus

红尾水鸲

Plumbeous Water Redstart

LC　三有保护

形态特征：体长 12~13 cm。体形圆胖紧凑；雄鸟通体暗蓝灰色，腰至尾羽赭红色；雌鸟上体铅灰色，具两道白色翼斑，尾羽黑褐色，尾下覆羽、外侧尾羽和腰羽纯白色，下体灰色，密布鳞状纹；虹膜深褐；喙黑色；脚褐色。

生态习性：常单独或成对活动。栖息于山地溪流、河岸。主要以昆虫为食，偏好石蛾及其幼虫、蜉蝣和蠓。多站立在水边或水中石头上、堤岸上和电线上，停立时尾不断上下摆动，有时展开尾羽呈扇状上下摆动，常在浅滩涉水或在水面捕食；当有人干扰时，则紧贴水面沿河飞行，边飞边鸣叫。鸣唱为尖锐的金属铃音“striiii-triiii-triiii-triiiih”声，通常持续 2 秒，音调逐渐升高，重复 4~7 次；示警时发出急促的“ziet、ziet”声。繁殖期 4~7 月，营巢于水域附近的岩石缝隙、桥洞、树枝和屋檐下。

分布状况：常见于中国南部、东部的绝大多数地区；陕西全省广泛分布；陕师大两校区可见，曾见于雁塔校区曲江流饮附近及长安校区北门喷泉附近。

居留型：留鸟。

红尾水鸲（雄） 于晓平 摄

红尾水鸲（雌） 于晓平 摄

太平鸟科 Bombycillidae

中型鸣禽，全球 1 属 3 种，我国 1 属 2 种。头顶具长冠羽，喙短，基部宽阔，尖端微具缺刻；鼻孔圆形，被以盖膜；翅圆或尖形，有些种类次级飞羽羽轴延长成蜡质突起；尾圆而短，腿短，爪长而曲。两性羽色相似，体羽松软，以灰褐、黑、灰色为主。杂食，以浆果为主食，兼食昆虫，营碗状巢于树上，产卵 3~5 枚，由双亲孵化，孵化期约 15 天。陕师大校园分布 1 种。

Bombycilla japonica

小太平鸟

Japanese Waxwing

三有保护

形态特征：体长 15~18 cm。雄鸟体栗灰色；黑色过眼纹延伸至冠羽，与黑色的上喙基、眼先连成一条黑带，喉黑；腰至尾上覆羽灰色；尾羽端部红色，尾下覆羽红色；初级飞羽外翈白色，形成一道白色纵纹，次级飞羽末端有红斑；雌鸟尾羽红色带较窄，初级飞羽外缘白色，形成数条白色横纹；虹膜褐色；喙黑色；脚黑色。

生态习性：集群活动。栖息于低山、丘陵和平原森林地区，偏好针叶林，越冬生境似太平鸟。以柏树球果等植物果实和种子为食。常在树冠活动，会与太平鸟、红尾斑鸫等混群，鸟群休息时常紧密地靠在一起。鸣声为清脆而缺乏节奏的“ji-ji”声。繁殖期于 6 月开始，多营巢于针叶树树枝间。

分布状况：中国见于东北及华北地区，不同年份的数量会有较大变动，数量较大时华东地区亦较常见，并可能出现在华南和西南地区；陕西省见于渭河谷地及以南；陕师大长安校区冬季偶见。

居留型：旅鸟。

小太平鸟　周勇　摄

雀科 Passeridae

小型鸣禽，全球 8 属 43 种，我国 5 属 13 种。原称为文鸟科，因本科包含雀形目的模式物种，故更名为雀科。喙为粗壮的圆锥形，适于以植物种子为食。鼻孔位置接近或进入额线内；腿强健，适于树栖及地面觅食。尾羽狭长而端尖，呈楔状尾。多数结群栖息。羽色多为棕、栗、灰色，混以黑、白色杂斑。主要以谷物或其他植物种子为食，繁殖期吃昆虫，有些种类以所食的种子反吐喂雏。非繁殖期成群活动，有时与鸥类等混群。营群巢生活，以草茎等筑碗状巢，雌鸟负责建造及孵化，产卵 3~5 枚，孵化期 12~14 天。陕师大校园分布 1 种。

Passer montanus

麻雀

Eurasian Tree Sparrow

三有保护

形态特征：体长 12~15 cm 的小型雀鸟。成鸟冠部红棕色，白色颊部有黑斑；颏和喉黑色，具白色颈环；背部暖棕色，具大量黑色条纹，翅上有两道白色翼斑；下体暗灰白色，尾暗褐色，羽缘较浅淡；虹膜深褐；喙黑色；脚粉褐色。

生态习性：常集群活动，冬季可集上百只的大群。栖息于稀疏林地、田野和城镇居民点。在地面和灌丛中觅食，嘈杂而吵闹。杂食性，主要以禾本科植物种子为食。鸣声为单调的“jiu-jiu”声，繁殖前期有吵嚷、复杂的鸣唱。繁殖期 3~8 月，营巢于城镇村庄等人类居住地区的房屋、桥梁以及其他建筑物上，以屋檐和墙壁洞穴最为常见，也在树洞、石穴、土坑和树枝间营巢或利用废弃的喜鹊巢和人工巢箱。

分布状况：中国各地均有分布；陕西全省广泛分布；陕师大两校区常见。

居留型：留鸟。

麻雀 于晓平 摄

鹡鸰科 Motacillidae

小型鸣禽，全球 6 属 69 种，我国 3 属 20 种。体形细小修长。喙细长，前端具缺刻，喙须相当发达；鼻孔裸露；翅长而尖，尾羽细长，最外侧尾羽几乎为纯白；腿细长，后趾具长而弯曲爪，适于地面行走。飞行曲线呈波浪状，边飞边鸣叫。栖息时尾羽上下或左右摆动不停。栖息于湿地附近，营巢于洞穴中或树上。产卵 5~7 枚，孵化期约 15 天。本科鸟类有两大类，鹡鸰类和鹨类。陕师大校园分布 5 种。

Anthus hodgsoni

树鹨

Olive-backed Pipit

形态特征：体长 15~17 cm 的小型鸟类。上体橄榄绿色或绿褐色；头顶细密黑褐色纵纹，至背部逐渐不明显，眼先黄白色或棕色，具黑褐色贯眼纹，眉纹宽，呈白色或皮黄色；颊、喉白色或棕白色，喉侧有黑褐色髭纹；胸黄白色或棕白色，胸部黑色圆斑至两胁变细纵纹，下体白色；下背、腰至尾上覆羽为橄榄绿色，无纵纹或纵纹极不明显；两翅黑褐色具橄榄黄绿色羽缘；尾羽黑褐色具橄榄绿色羽缘；虹膜红褐色；上喙黑色，下喙肉黄色；脚肉色或肉褐色。

生态习性：成对或集 3~5 只小群活动，迁徙时也集成较大的群。繁殖期栖息在各种类型的森林中，非繁殖期多活动于低山丘陵、平原、山区的林缘、草地、耕地或公园。杂食性，主要取食鳞翅目、双翅目、鞘翅目等昆虫，也取食禾本科植物及其种子等植物性食物。常于地面活动，或沿着树枝行走寻找昆虫，尾羽会上下摆动，受到惊扰时会飞到附近的树上隐匿。繁殖期于树顶或空中发出快速重复的颤音或“嘎嘎”声，似云雀，受惊扰或飞行时发出轻柔的“teez”声，鸣声包括嘶哑的“teez”声，飞行时发出“teeep”以及尖细的“tsi”声。繁殖期 5~8 月，营巢于地面的草丛、岩石或洼地。

分布状况：繁殖于中国东北至华北地区，南迁越冬于华中、华东至华南的大部分地区；陕西省大部可见；陕师大两校区迁徙季偶见，曾见于长安校区实验动物中心附近草地和北门校友林等处。

居留型：旅鸟。

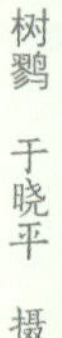

树鹨 于晓平 摄

Anthus richardi

田鹨

Richard's Pipit

形态特征：体长 17~18 cm，体小而纤瘦。头部和上体棕褐色，眉纹和颊纹近白色，头顶、肩和背具暗褐色纵纹，背部纹路较模糊；翼黑褐色具棕黄色羽缘，中覆羽黑斑尖长；下体淡皮黄色，胸和胁皮黄色，胸部有褐色细纵纹；后爪甚长，长度几乎等同后趾，腿较长；尾较长，尾羽暗褐色具沙色羽缘，外侧尾羽白色；虹膜褐色；喙褐色，基部淡黄；脚肉色至褐色。

生态习性：单独或成对活动。栖息于开阔的矮草地、农田或荒野，繁殖期更偏好水边草地。主要以昆虫为食。站立时站

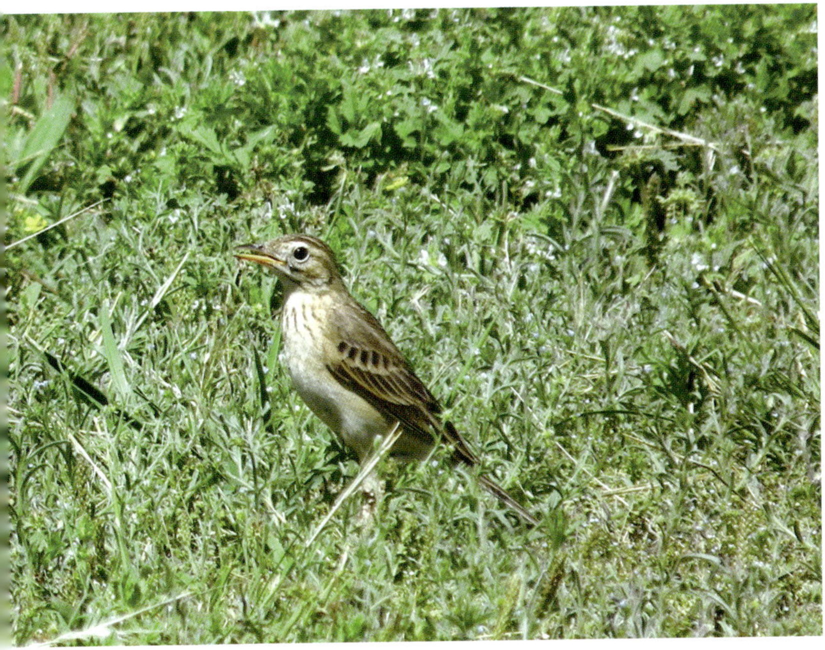

田鹨 李飏 摄

姿挺拔，飞行姿态显得比较沉，呈波浪状，繁殖期会在空中悬停鸣叫。鸣叫为“chreep”声，鸣唱为较高的“zer-zer-zer”声，单调而缺乏变化，主要通过鸣声与布氏鹨区分。繁殖期 4~7 月，营巢于地面洼地草丛中。

分布状况：中国广泛分布于除青藏高原、云南外的各地区，繁殖于秦岭－淮河一线以北，越冬于东南、华南地区，迁徙经我国绝大部分地区；陕西全省可见；陕师大长安校区偶见。

居留型：旅鸟。

Anthus godlewskii

布氏鹨

Blyth's Pipit

三有保护

形态特征：体长 15~17 cm 的小型鸟类。体形紧凑；头部、上体及两胁黄褐色；具不明显的浅黄白色眉纹，喉白色，具黑色细髭纹；胸部具黑色细纵纹；翅黑褐色具黄褐色羽缘，中覆羽黑斑较钝圆；背棕褐色，具边缘清晰的黄褐色条纹；下体浅黄褐色；腿较短，后爪比田鹨短；尾较短，尾羽黑褐色，中央一对尾羽羽缘微带红褐色，外侧两对尾羽羽缘和尖端浅黄色；虹膜暗褐色；喙较短，上喙暗灰色，下喙浅粉色，尖端暗灰色；腿浅粉色。

生态习性：似田鹨，单独或成对活动。繁殖于干燥的岩石山地或砾质草原，迁徙时也出现在平原荒地和草地，与田鹨相比更喜好干燥的环境。主要以昆虫为食。站姿较低平，有时会像林鹨、树鹨一样在高大的树林中游荡，田鹨则较少出现于树林中。鸣叫为“chip-chip”声或“pse-chee”声，但明显低于田鹨，鸣唱与田鹨有很大区别，为一串粗糙的“zret-zret”声，末端带有旋律变化，并以一串快速的“ze-ze-ze-ze”声结尾。繁殖期于5月开始，营巢于地面。

分布状况：繁殖于中国东北西部、华北北部、内蒙古中部、青海、宁夏、甘肃、四川西部和西藏东部，越冬于西南地区；陕西省区域性可见；陕师大长安校区偶见。

居留型：旅鸟。

布氏鹨 于晓平 摄

Motacilla cinerea

灰鹡鸰

Grey Wagtail

三有保护

形态特征：体长17~20 cm的小型鸟类。上体灰色，具白色眉纹和颊纹；翅黑色，飞羽具白色内缘；下体及尾上覆羽黄

色，尾长于其他鹡鸰；雄性繁殖期喉黑色，非繁殖期喉白色；雌性似雄性，繁殖期喉部浅黄白色带少量黑色斑驳羽毛，有时全为黑色，非繁殖期喉白色，两胁及胸部呈淡黄色至白色；幼鸟似非繁殖期雌性，但浅色区域色更浅，深色区域更偏橄榄色；虹膜褐色；喙黑褐色；脚肉褐色或暗绿褐色。

生态习性：多单独或成对活动，也会集松散的小群或与白鹡鸰混群。栖息于快速流动的山溪、河流、浅滩和其他类型的低地水域，非繁殖期出现在各种栖息地，包括农田、公园，甚至城镇中心。主要以昆虫为食。站姿比其他鹡鸰更平，常在水边活动，较除山鹡鸰之外的其他鹡鸰更常飞到树上，喜频繁上下抖尾，飞行呈明显的波浪状，有时会涉水觅食或悬停捕食。鸣声为短促的“zi-zi-zi”声。繁殖期 4~6 月，营巢于河边岩石边缘或缝隙、墙壁缝隙等位置。

分布状况：中国除西藏西部外，广布于全国各地，繁殖于东北，西北北部、华北北部及华东等地；越冬于华东、华中、华南和西南地区，迁徙经其余各地；陕西省广泛分布；陕师大两校区偶见。

居留型：留鸟。

灰鹡鸰 于晓平 摄

Motacilla alba

白鹡鸰

White Wagtail

形态特征：体长 17~20 cm，黑白灰色相间的小型鸟类。腹部白色，翅黑灰色，具白色斑纹；最外两对尾羽白色，中间一对尾羽黑色，具白色狭边，其余尾羽黑色；*M.a.leucopsis* 雄鸟繁殖季背部黑色，无眼纹，颏部和喉白色，头颈部黑色与胸部不连接；*M.a.ocularis* 雄鸟繁殖季背部灰色，有黑色贯眼纹，颏、喉至前胸黑色，头颈部黑色与胸部不连接，冬季喉部变白；*M.a.baicalensis* 雄鸟繁殖季背部和肩羽灰色，颏部和喉白色，头顶部黑色，头颈部黑色与胸部不连接；幼鸟头部棕灰色，颏、喉部灰白，有时面部染浅黄色；虹膜黑褐色；喙黑色；脚黑色。

生态习性：单独、成对或呈 3~5 只小群活动，迁徙或越冬时可集成几十至上百只大群，迁徙集群时晚上会在树上栖息。栖息于多种非森林的干湿生境，包括海岸、河流、湖岸、农田、公园、草地等环境。主要以陆生和水生无脊椎动物为食，偶尔取食种子和浆果。站立时经常上下抖动尾部，行走时有点头般的动作，飞行呈波浪状，受到惊吓起飞时边飞边鸣叫；鸣唱为重复的“zit” “psit” “ziti” “zilipp” “zittip”声，飞行时鸣叫为响亮而尖细的 chissik”或“tsczizzic”声。繁殖期 4~7 月，营巢于水域附近岩洞、岩壁缝隙、河边土坎、田边石隙以及河岸、灌丛与草丛中。

分布状况：中国广泛分布；陕西全省广泛分布；陕师大两校区常见。

居留型：留鸟。

白鹡鸰　于晓平　摄

燕雀科 Fringillidae

小型鸣禽，全球 49 属 235 种，我国 22 属 64 种。体形与麻雀相似，原称为雀科，因本科的模式属为燕雀属而更名为燕雀科。喙多为粗壮的圆锥形，适于以植物种子为食；鼻孔通常为皮膜或羽须所遮盖；脚、腿强健，适于栖树及地面觅食。初级飞羽 10 枚，但第一枚初级飞羽多退化或缺失，仅能见 9 枚；尾羽 12 枚；雌雄鸟的羽色有别，幼鸟羽毛类似雌鸟。广布于各种生境，主要以植物为食，繁殖期以昆虫等小动物喂雏，雏为晚成鸟。营碗状巢，以草茎等编成，产卵 2~4 枚，孵化期 12~14 天。陕师大校园分布 6 种。

Fringilla montifringilla

燕雀

Brambling

三有保护

形态特征：体长 13.5~16 cm 的小型雀鸟。成年雄鸟繁殖期头颈黑色，背近黑，上体余部橙棕色；胸棕色，两胁橙棕色，具少量黑色斑点，腰及腹部白色；两翼及叉形的尾黑色，有醒目的白色肩斑和棕色翼斑；非繁殖期雄鸟头部为灰褐色，杂有黑色，背部黑色羽毛具棕色羽缘；雌鸟夏羽羽色和雄鸟相似，但较雄鸟淡，上体黑色部分被褐色取代，且具淡色羽缘，头和背部具不明显的纵纹；雌鸟秋冬羽色和雄鸟秋羽相似，但羽色较暗，不及雄鸟鲜亮；虹膜褐色；喙粗壮而尖，呈圆锥状，基部黄色，尖端黑色；脚粉褐色。

生态习性：除繁殖期间成对活动外，其他季节多成群。繁

燕雀（雄）　于晓平　摄

燕雀（雌）　于晓平　摄

殖期间栖息于阔叶林、针叶阔叶混交林和针叶林等各类森林中，迁徙期间和冬季主要栖息于林缘疏林、次生林、农田、旷野、果园和村庄附近的林内。主要以植物种子、果实等植物性食物为食，繁殖期间则主要以昆虫为食。叫声为重复响亮而单调的粗喘息声“zweee”，也发出高声鸣叫及吱叫声。繁殖期 5~8 月，营巢于针叶树、落叶树树杈或靠近树干的位置，或灌丛和靠近地面的位置。

分布状况: 中国除西藏、海南外，见于各地，季节性常见；陕西全省广泛分布；陕师大两校区迁徙季及冬季常见。

居留型: 旅鸟 / 冬候鸟。

Coccothraustes coccothraustes

锡嘴雀

Hawfinch

三有保护

形态特征: 体长约 16~18 cm 的小型雀鸟。雄雌几乎同色，体灰褐色；雄鸟喙基、眼先、颏和喉中部黑色，头部棕黄或淡皮黄色，额较浅淡，常呈棕白色；后颈灰色形成一条宽带，向两侧延伸至喉侧；具粗显的白色宽肩斑；两翼闪辉蓝黑色，部分初级飞羽特化，羽端呈方形，内翈先端具以缺口；尾羽尖端白色，外侧尾羽具黑色次端斑；雌鸟羽色较浅，不及雄鸟鲜亮而有光泽；幼鸟似成鸟但羽色较深，下体具深色的小点斑及纵纹；虹膜褐色；喙粉褐色或延蓝色至近黑；脚粉褐色。

生态习性: 繁殖期间单独或成对活动，非繁殖期喜集群，有时集成多达数十只甚至上百只的大群。主要栖息于低山、丘陵和平原地带的阔叶林、针阔叶混交林和次生林及人工林，秋冬季常到林缘、溪边、果园、路边和农田地带的小树林和灌丛中，有时到城市公园活动觅食。主要以各种植物果实、种子为食，也取食昆虫。鸣叫为尖锐的“tick”“tzik”声，鸣唱以哨音开始，以音节“deek-waree-ree-ree”收尾，飞行时发出尖锐的“teee”“tzeep”“tsip”或冗长的“sreeee”声。繁殖期3~8月，营巢于灌木或乔木的水平分枝上。

分布状况：中国除西藏、云南、海南外，见于各地，多在长江以北，且为季节性常见；陕西省分布于秦岭南坡以北；陕师大校园罕见。

居留型：冬候鸟。

锡嘴雀　于晓平　摄

Eophona migratoria

黑尾蜡嘴雀

Chinese Grosbeak

形态特征：体长约 15~18 cm 的小型雀鸟。繁殖期雄鸟有黑色头罩，体灰褐色；下喉、颈侧、胸、腹和两胁灰褐沾棕黄色；腰和尾上覆羽淡灰色或灰白色，腹中央至尾下覆羽白色；两翼近黑，初级覆羽和飞羽具白色端斑，形成白色翼尖和翼斑；雌鸟似雄鸟但头部黑色少，近喙基附近染黑色；幼鸟似雌鸟但羽色较浅淡；虹膜褐色；喙深黄而端黑；脚粉褐色。

生态习性：繁殖期间单独或成对活动，非繁殖期集群，有时集成数十只的大群。栖息于低地混交林或落叶林的边缘和空地，也在山丘、河谷、沼泽、农田边缘、公园和果园活动。主要以种子、果实、草籽、嫩叶、嫩芽等植物性食物为食，也取食部分昆虫。树栖性，频繁地在树冠层枝叶间跳跃或来回飞翔，飞行迅速、两翅鼓动有力，性活泼而大胆，不甚怕人。平时较少鸣叫，鸣叫是单调的“tek-tek”声，繁殖期间鸣叫频繁。繁殖期 5~7 月，营巢于乔木树干或浓密灌丛中。

分布状况：见于中国除西北和海南外全国各地；陕西省大部广泛分布；陕师大两校区迁徙季较常见，长安校区夏季曾有繁殖记录。

居留型：旅鸟。

黑尾蜡嘴雀（雄）　于晓平　摄

黑尾蜡嘴雀（雌）　于晓平　摄

Eophona personata

黑头蜡嘴雀

Japanese Grosbeak

 三有保护 

形态特征：体长约 18~23 cm 的小型雀鸟。雄雌同色，额、头顶、喙基四周和眼周黑色；上体余部及喉、胸和两胁均呈浅灰而沾淡褐，至腹部转白，腰和尾上覆羽的灰色较淡；黑色翅上具蓝色金属光泽和白色翼斑，尾上覆羽和尾羽深黑色，具蓝色金属光泽；幼鸟褐色较重，头部黑色减少至狭窄的眼罩，也具两道皮黄色翼斑；虹膜深褐；喙明黄色且粗大；脚粉褐色。

生态习性：繁殖期单独或成对活动，非繁殖季集成小群。栖息于各种低海拔生境，包括林地、山丘、河谷、农田边缘和公园等地。主要取食植物种子、果实、嫩芽，也取食一些昆虫。

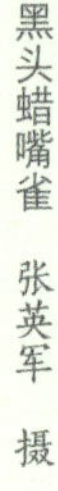

黑头蜡嘴雀 张英军 摄

飞行速度快，在飞过时可听到翅膀震颤的声音。鸣叫似哨音，求偶期更高昂，飞行时发出生硬的“tak-tak”声。繁殖期 5~7 月，营巢于距地面 2~6 m 的树枝上。

分布状况：见于中国中东部地区；陕西省中南部可见；陕师大校园罕见。

居留型：旅鸟。

Spinus spinus

黄雀

Eurasian Siskin

LC 三有保护

形态特征：体长 11~12 cm 的小型雀鸟。喙形尖直且细，雄性黄绿色较浓，头顶至前额和颏黑色；胸黄色，翼上具黑色与黄色条纹；腰黄色，两胁及尾下覆羽具黑色纵纹；腹部污白

黄雀（雌）　于晓平 摄

黄雀（雄）　于晓平 摄

色，尾羽略分叉；雌性颜色暗淡且多纵纹；幼鸟似雌性，但上体多浅褐色，具深褐色条纹；虹膜近黑；喙暗褐色，下喙较淡；脚黑紫色。

生态习性：繁殖期单独或成对觅食，非繁殖期集数百只甚至数千只的大群，常与其他小型雀类混群。繁殖于低地、山脚和山地针叶林，主要是云杉林和开阔的针阔混交林；非繁殖季出现在荒地、公园、果园、杂草等地，喜邻近水边的桤木。主要取食种子、嫩芽和果实部分无脊椎动物。鸣声多变悦耳，由高音调的叫声混杂，飞行中常发出高亢响亮的“toolee”“tsuu-ee”声，在树上觅食时发出轻柔的啁啾声或叽叽喳喳声。繁殖期3~8月，单配制，营巢于距地面20 m高左右的高大树干或枝条上，偏好云杉、松树、落叶松。

分布状况：见于中国除西藏、宁夏的各地区；陕西省见于秦岭山地；陕师大校园罕见。

居留型：旅鸟。

Chloris sinica

金翅雀

Oriental Greenfinch

形态特征：体长约12~14 cm的小型雀鸟。成体雄鸟顶冠及颈背灰色，眼先和眼周部位羽毛深褐近黑色；飞羽黑褐色，尖端灰白，基部有宽阔的黄色翼斑；背褐色；外侧尾羽基部及臀黄色；雌鸟似雄鸟但色暗，少金黄色而多褐色；幼鸟色淡且多纵纹；虹膜深褐；喙肉粉色；脚粉褐色。

生态习性：繁殖期单独或成对活动，非繁殖期常集成大群齐飞。栖息于海拔 2400 m 以下的低山阔叶林、针叶林、河谷、河岸、灌丛、农田、果园、公园等多种生境。主要以各类植物种子为食，偶尔取食昆虫。休息时多停栖在树上，也停落在电线上长时间不动，常在树冠层枝叶间跳跃或飞来飞去，也到低矮的灌丛和地面活动和觅食。飞翔迅速，两翅扇动甚快，常发出呼呼声。繁殖期 3~8 月，营巢于距地面 3~9 m 的灌木、竹林或乔木。

分布状况：见于除中国东北、新疆、西藏、海南外各地区；陕西省广泛分布；陕师大两校区较常见。

居留型：留鸟。

金翅雀 廖小青 摄

鹀科 Emberizidae

小型鸣禽，全球 1 属 44 种，我国 1 属 31 种。体形与麻雀相似的小型鸣禽，多活动于地面和低矮的灌丛中。羽色变异较大，但背部常具纵条纹，且外侧尾羽多为白色；初级飞羽 10 枚，但第一枚初级飞羽多退化或缺失，仅能见 9 枚；尾羽 12 枚。雌雄鸟羽色相似。主要以杂草种子或谷物为食，繁殖期捕昆虫哺育幼雏。营碗状巢于地上或树上，每窝产卵 4~6 枚，孵化期 12~14 天，雏鸟为晚成鸟。陕师大校园分布 3 种。

Emberiza cioides

三道眉草鹀

Meadow Bunting

三有保护

形态特征：体长约 17 cm 的中型鹀。雄鸟头顶及枕深栗红色，眼先及下部各有一条黑纹，耳羽深栗色，眉纹白色，颏及喉淡灰色；通体栗红色，羽缘土黄色；飞羽暗褐色，初级飞羽外缘灰白，次级飞羽的羽缘淡红褐色；中央一对尾羽栗红色，其余尾羽黑褐色，外翈边缘土黄色，最外一对尾羽有一白色带，外侧第二对尾羽末端有一楔状白斑；雌鸟色较淡，眉线及下颊纹皮黄，胸浓皮黄色；虹膜深褐；上喙色深近黑，下喙蓝灰而喙端色深；脚粉褐色。

生态习性：繁殖期成对活动，非繁殖季常集群活动；夏季多见于丘陵及山上，冬季部分迁移到山脚、山谷或平原等地。栖息于灌丛、森林、林缘、农田等地，或空旷无掩蔽的地面。主要取食各种植物及其种子，夏季取食无脊椎动物比例增加。

三道眉草鹀 于晓平 摄

叫声为偏高的“zit-zit-zit”声，为快速而成串的 3~4 个音节。繁殖期 4~8 月，营巢于地面或略高于地面，极少数在灌丛小树上，通常被小灌木丛或草丛掩盖。

分布状况：见于中国除西藏、海南外各地区；陕西省分布于陕北高原以南；陕师大长安校区罕见。

居留型：留鸟。

Emberiza elegans

黄喉鹀

Yellow-throated Bunting

三有保护

形态特征：体长约 15~16 cm 的小型雀鸟。雄鸟具黑色羽

黄喉鹀（雄） 廖小青 摄

黄喉鹀（雌） 廖小青 摄

冠及粗贯眼纹，眉纹宽阔，前段白色，后段黄色，喉黄色，颏黑色；背、肩栗红色或栗褐色，具粗著的黑色羽干纹和皮黄色或棕灰色羽缘；两翅飞羽黑褐色或黑色，羽缘皮黄色或棕灰色，具两道翅斑；胸具一半月形黑斑，下体污白色或灰白色，两胁具栗色或栗黑色纵纹，腰和尾上覆羽淡棕灰或灰褐色；尾灰褐，最外侧两对尾羽具大型楔状白斑；雌鸟似雄鸟但色暗，褐色取代黑色，皮黄色取代黄色，胸部无黑斑；虹膜黑色；喙近黑；脚浅灰褐色。

生态习性：繁殖期单独或成对活动，非繁殖期多成小群。栖息于低山丘陵地带的次生林、阔叶林、针阔叶混交林的林缘灌丛中，尤喜河谷与溪流沿岸疏林灌丛，也栖息于生长有稀疏树木或灌木的山边草坡及农田、道旁和居民点附近的小块次生林内。繁殖期以昆虫等无脊椎动物为主要食物，非繁殖期以植物种子为主要食物。鸣唱为单调的啾啾声，似田鹀，鸣叫为重复的尖锐“tzik”声。繁殖期 5~7 月，营巢于灌木上或灌木下的洼地中。

分布状况：繁殖于中国东北、华北地区，越冬于东部、东南部及台湾；陕西省分布于黄土高原以南；陕师大长安校区罕见。

居留型：留鸟。

Emberiza pusilla

小鹀

Little Bunting

三有保护

形态特征：体长约 12~14 cm 的小型雀鸟。繁殖期成鸟头

具栗色冠纹和黑色侧冠纹，眼先、耳羽栗色，颊纹、耳羽边缘灰黑色，眼圈白色；上体褐色而带深色纵纹，下体偏白，胸及两胁有黑色纵纹；翼和尾黑褐色，具浅色羽缘，最外侧尾羽白色；雌鸟及非繁殖期雄鸟羽色较为暗淡；虹膜黑色；上喙近黑色，下喙灰褐色；脚肉褐色。

生态习性：繁殖期成对或单独活动，非繁殖季常集成十几只的小群活动；繁殖于潮湿开阔的针叶林，冬季栖息于各种较为开阔的栖息地，如林缘、灌丛、草地、农田、果园和公园等地。主要以草籽、种子、果实等植物性食物为食，也取食昆虫等动物性食物。在地面活动或频繁地在草丛、灌木低枝间跳跃，有时也栖于小树低枝上。叫声为音高而轻的“pwick”或“tip-tip”声，也作“tsew”声。繁殖期6~7月，营巢于地面，隐藏在草丛中，偶见营巢于树上。

分布状况：中国大部地区广泛分布；陕西省广泛分布；陕师大长安校区偶见。

居留型：冬候鸟或旅鸟。

小鹀 于晓平 摄

参考文献

[1] 郜二虎，何杰坤，王志臣，等．全国陆生野生动物调查单元区划方案 [J]. 生物多样性，2017，25（12）：1321-1330.

[2] 何杰坤，郜二虎，等．中国陆生野生动物生态地理区划研究 [M]. 北京：科学出版社，2018.

[3] 张荣祖．中国动物地理 [M]. 北京：科学出版社，2011.

[4] 于晓平．秦岭鸟类原色图鉴 [M]. 西安：西北农林科技大学出版社，2016.

[5] 刘阳．中国鸟类观察手册 [M]. 长沙：湖南科学技术出版社，2021.

[6] 高学斌，王伟峰，于晓平．陕西省鸟类物种组成及分布状况 40 年之变化 [J]. 野生动物学报，2023，44（2）：339-346.

[7] 李金钢，杜央威，郝琳．陕西师范大学校园鸟类调查 [J]. 陕西师范大学学报（自然科学版），2004，32（1）：82-85.

[8] 赵洪峰，雷富民．鸟类用于环境监测的意义及研究进展 [J]. 动物学杂志，2002，37（6）：74-78.

[9] 国家林草局．国家林业和草原局公告（2023 年第 17 号）有重要生态、科学、社会价值的陆生野生动物名录 [EB/OL].（2023-6-30）[2023-11-19].https://www.forestry.gov.cn/c/www/gkzfwj/509750.jhtml

[10] Cornell Laboratory of Ornithology. Birds of the World.[DB/OL].[2023-11-20]. https://birdsoftheworld.org/bow/home.

[11] 郑光美．中国鸟类分类与分布名录：第 4 版 [M]. 北京：科学出版社，2023.

[12] 郑光美．鸟类学：第 2 版 [M]. 北京：科学出版社，2012.

[13] 马敬能．中国鸟类野外手册：马敬能新编版 [M]. 北京：

商务印书馆，2022.

[14] 孙承骞 . 中国陕西鸟类图志 [M]. 西安：陕西科学技术出版社，2007.

[15] 肖欣悦 . 陕西师范大学校园鸟类物种多样性调查 [D]. 西安：陕西师范大学，2022.

[16] 赵欣如 . 中国鸟类图鉴 [M]. 北京：商务印书馆，2018.

[17] 聂延秋 . 中国鸟类识别手册 [M]. 北京：中国林业出版社，2019.

附表 陕西师范大学校园鸟类名录

序号	中文名	拉丁学名	英文名	区系成分	居留型	保护等级	中国特有种	IUCN濒危等级
一、鸡形目 Galliformes								
（一）雉科 Phasianidae								
1	环颈雉	*Phasianus colchicus*	Common Pheasant	Pr	R	三有		LC
二、鸊鷉目 Podicipediformes								
（二）鸊鷉科 Podicipedidae								
2	小鸊鷉	*Tachybaptus ruficollis*	Little Grebe	Gb	R	三有		LC
三、鸽形目 Columbiformes								
（三）鸠鸽科 Columbidae								
3	山斑鸠	*Streptopelia orientalis*	Oriental Turtle Dove	Gb	R	三有		LC
4	灰斑鸠	*Streptopelia decaocto*	Eurasian Collared Dove	Gb	R	三有		LC
5	珠颈斑鸠	*Spilopelia chinensis*	Spotted Dove	Or	R	三有		LC
四、夜鹰目 Caprimulgiformes								
（四）雨燕科 Apodidae								
6	白腰雨燕	*Apus pacificus*	Fork-tailed Swift	Or	S	三有		LC
7	普通雨燕	*Apus apus*	Common Swift	Gb	S	三有		LC

续表

序号	中文名	拉丁学名	英文名	区系成分	居留型	保护等级	中国特有种	IUCN濒危等级
五、鹃形目 Cuculiformes								
（五）杜鹃科 Cuculidae								
8	红翅凤头鹃	*Clamator coromandus*	Chestnut-winged Cuckoo	Or	S	三有		LC
9	噪鹃	*Eudynamys scolopaceus*	Western Koel	Or	S	三有		LC
10	四声杜鹃	*Cuculus micropterus*	Indian Cuckoo	Or	S	三有		LC
11	大杜鹃	*Cuculus canorus*	Common Cuckoo	Gb	S	三有		LC
六、鹤形目 Gruiformes								
（六）秧鸡科 Rallidae								
12	普通秧鸡	*Rallus indicus*	Eastern Water Rail		P	三有		LC
七、鹈形目 Pelecaniformes								
（七）鹭科 Ardeidae								
13	夜鹭	*Nycticorax nycticorax*	Black-crowned Night-heron	Gb	S	三有		LC
14	池鹭	*Ardeola bacchus*	Chinese Pond Heron	Or	S	三有		LC
15	苍鹭	*Ardea cinerea*	Grey Heron	Gb	R	三有		LC
16	大白鹭	*Ardea alba*	Great Egret		W	三有		LC
八、鸻形目 Charadriformes								
（八）鸻科 Charadriidae								

续表

序号	中文名	拉丁学名	英文名	区系成分	居留型	保护等级	中国特有种	IUCN濒危等级
17	灰头麦鸡	*Vanellus cinereus*	Grey-headed Lapwing	Gb	S	三有		LC
（九）鹬科 Scolopacidae								
18	丘鹬	*Scolopax rusticola*	Eurasian Woodcock		P	三有		LC
九、鸮形目 Strigiformes								
（十）鸱鸮科 Strigidae								
19	斑头鸺鹠	*Glaucidium cuculoides*	Asian Barred Owlet	Or	R	Ⅱ		LC
20	纵纹腹小鸮	*Athene noctua*	Little Owl	Pr	R	Ⅱ		LC
21	长耳鸮	*Asio otus*	Long-eared Owl		W	Ⅱ		LC
22	短耳鸮	*Asio flammeus*	Short-eared Owl		W	Ⅱ		LC
23	雕鸮	*Bubo bubo*	Northern Eagle Owl	Pr	R	Ⅱ		LC
十、鹰形目 Accipitriformes								
（十一）鹰科 Accipitridae								
24	凤头鹰	*Accipiter trivirgatus*	Crested Goshawk	Or	R	Ⅱ		LC
25	雀鹰	*Accipiter nisus*	Eurasian Sparrow Hawk	Pr	S	Ⅱ		LC
26	白尾鹞	*Circus cyaneus*	Hen Harrier		W	Ⅱ		LC
27	黑鸢	*Milvus migrans*	Black Kite	Gb	R	Ⅱ		LC
28	普通鵟	*Buteo japonicus*	Eastern Buzzard		W	Ⅱ		LC

续表

序号	中文名	拉丁学名	英文名	区系成分	居留型	保护等级	中国特有种	IUCN濒危等级
十一、犀鸟目 Bucerotiformes								
（十二）戴胜科 Upupidae								
29	戴胜	*Upupa epops*	Eurasian Hoopoe	Gb	R	三有		LC
十二、佛法僧目 Coraciiformes								
（十三）翠鸟科 Alcedinidae								
30	普通翠鸟	*Alcedo atthis*	Common Kingfisher	Gb	R	三有		LC
31	冠鱼狗	*Megaceryle lugubris*	Crested Kingfisher	Or	R	三有		LC
十三、啄木鸟目 Piciformes								
（十四）啄木鸟科 Picidae								
32	蚁䴕	*Jynx torquilla*	Wryneck		P	三有		LC
33	斑姬啄木鸟	*Picumnus innominatus*	Speckled Piculet	Or	R	三有		LC
34	灰头绿啄木鸟	*Picus canus*	Grey-faced Woodpecker	Gb	R	三有		LC
35	星头啄木鸟	*Yungipicus canicapillus*	Grey-capped Woodpecker	Or	R	三有		LC
36	棕腹啄木鸟	*Dendrocopos hyperythrus*	Rufous-bellied Woodpecker		P	三有		LC
37	大斑啄木鸟	*Dendrocopos major*	Great Spotted Woodpecker	Pr	R	三有		LC
十四、隼形目 Falconiformes								

续表

序号	中文名	拉丁学名	英文名	区系成分	居留型	保护等级	中国特有种	IUCN濒危等级
（十五）隼科 Falconidae								
38	红隼	*Falco tinnunculus*	Common Kestrel	Pr	R	Ⅱ		LC
39	游隼	*Falco peregrinus*	Peregrine Falcon		P	Ⅱ		LC
十五、雀形目 Passeriformes								
（十六）黄鹂科 Oriolidae								
40	黑枕黄鹂	*Oriolus chinensis*	Black-naped Oriole	Or	S	三有		LC
（十七）卷尾科 Dicruridae								
41	发冠卷尾	*Dicrurus hottentottus*	Hair-crested Drongo	Or	S	三有		LC
（十八）伯劳科 Laniidae								
42	红尾伯劳	*Lanius cristatus*	Brown Shrike	Pr	S	三有		LC
43	棕背伯劳	*Lanius schach*	Long-tailed Shrike	Or	S/W	三有		LC
44	灰背伯劳	*Lanius tephronotus*	Grey-backed Shrike	Pr	S	三有		LC
45	楔尾伯劳	*Lanius sphenocercus*	Chinese Grey Shrike	Pr	S/W	三有		LC
（十九）鸦科 Corvidae								
46	松鸦	*Garrulus glandarius*	Eurasian Jay	Pr	R	三有		LC
47	灰喜鹊	*Cyanopica cyanus*	Azure-winged Magpie	Pr	R	三有		LC

续表

序号	中文名	拉丁学名	英文名	区系成分	居留型	保护等级	中国特有种	IUCN濒危等级
48	红嘴蓝鹊	*Urocissa erythroryncha*	Red-billed Blue Magpie	Or	R	三有		LC
49	喜鹊	*Pica serica*	Oriental Magpie	Pr	R	三有		LC
50	秃鼻乌鸦	*Corvus frugilegus*	Rook	Pr	R	三有		LC
（二十）山雀科 Paridae								
51	黄腹山雀	*Periparus venustulus*	Yellow-bellied Tit	Or	R	三有	√	LC
52	沼泽山雀	*Poecile palustris*	Marsh Tit	Pr	R	三有		LC
53	大山雀	*Parus minor*	Japanese Tit	Gb	R	三有		LC
54	绿背山雀	*Parus monticolus*	Green-backed Tit	Or	R	三有		LC
（二十一）百灵科 Alaudidae								
55	小云雀	*Alauda gulgula*	Oriental Skylark	Or	R	三有		LC
56	云雀	*Alauda arvensis*	Eurasian Skylark		W	Ⅱ		LC
57	凤头百灵	*Galerida cristata*	Crested Lark	Pr	R	三有		LC
（二十二）鳞胸鹪鹛科 Pnoepygidae								
58	小鳞胸鹪鹛	*Pnoepyga pusilla*	Pygmy Cupwing	Or	R	三有		LC
（二十三）燕科 Hirundinidae								
59	家燕	*Hirundo rustica*	Barn Swallow	Pr	S	三有		LC

续表

序号	中文名	拉丁学名	英文名	区系成分	居留型	保护等级	中国特有种	IUCN濒危等级
60	金腰燕	*Cecropis daurica*	Red-rumped Swallow	Gb	S	三有		LC
（二十四）鹎科 Pycnonotidae								
61	领雀嘴鹎	*Spizixos semitorques*	Collared Finchbill	Or	R	三有		LC
62	黄臀鹎	*Pycnonotus xanthorrhous*	Brown-breasted Bulbul	Or	R	三有		LC
63	白头鹎	*Pycnonotus sinensis*	Light-vented Bulbul	Or	R	三有		LC
（二十五）柳莺科 Phylloscopidae								
64	黄眉柳莺	*Phylloscopus inornatus*	Yellow-browed Warbler		P	三有		LC
65	黄腰柳莺	*Phylloscopus proregulus*	Pallas's Leaf Warbler		P	三有		LC
66	褐柳莺	*Phylloscopus fuscatus*	Dusky Warbler		P	三有		LC
67	暗绿柳莺	*Phylloscopus trochiloides*	Greenish Warbler		P	三有		LC
68	极北柳莺	*Phylloscopus borealis*	Arctic Warbler		P	三有		LC
69	冠纹柳莺	*Phylloscopus claudiae*	Claudia's Leaf Warbler	Or	S	三有		LC
70	比氏鹟莺	*Phylloscopus valentini*	Bianchi's Warbler	Or	S	三有		LC
71	黑眉柳莺	*Phylloscopus ricketti*	Sulphur-breasted Warbler	Or	S	三有		LC
（二十六）树莺科 Scotocercidae								
72	棕脸鹟莺	*Abroscopus albogularis*	Rufous-faced Warbler	Or	S	三有		LC

续表

序号	中文名	拉丁学名	英文名	区系成分	居留型	保护等级	中国特有种	IUCN濒危等级
73	远东树莺	*Horornis canturians*	Manchurian Bush Warbler	Gb	S	三有		LC
74	强脚树莺	*Horornis fortipes*	Brown-flanked Bush Warbler	Or	S	三有		LC
（二十七）长尾山雀科 Aegithalidae								
75	红头长尾山雀	*Aegithalos concinnus*	Black-throated Bushtit	Or	R	三有		LC
（二十八）鸦雀科 Paradoxornithidae								
76	棕头鸦雀	*Suthora webbiana*	Vinous-throated Parrotbill	Gb	R	三有	√	LC
（二十九）绣眼鸟科 Zosteropidae								
77	暗绿绣眼鸟	*Zosterops simplex*	Swinhoe's White-eye	Or	S	三有		LC
（三十）噪鹛科 Leiothrichidae								
78	画眉	*Garrulax canorus*	Chinese Hwamei	Or	R	Ⅱ		LC
79	白颊噪鹛	*Pterorhinus sannio*	White-browed Laughingthrush	Or	R	三有		LC
80	红嘴相思鸟	*Leiothrix lutea*	Red-billed Leiothrix	Or	R	Ⅱ		LC
（三十一）䴓科 Sittidae								
81	普通䴓	*Sitta europaea*	Eurasian Nuthatch	Pr	R	三有		LC
（三十二）鹪鹩科 Troglodytidae								
82	鹪鹩	*Troglodytes troglodytes*	Eurasian Wren	Gb	R	三有		LC

续表

序号	中文名	拉丁学名	英文名	区系成分	居留型	保护等级	中国特有种	IUCN濒危等级
（三十三）椋鸟科 Sturnidae								
83	八哥	*Acridotheres cristatellus*	Crested Myna	Or	R	三有		LC
84	丝光椋鸟	*Spodiopsar sericeus*	Red-billed Starling	Gb	S	三有		LC
85	灰椋鸟	*Spodiopsar cineraceus*	White-cheeked Starling	Pr	R	三有		LC
86	北椋鸟	*Agropsar sturninus*	Daurian Starling	Pr	S	三有		LC
（三十四）鸫科 Turdidae								
87	虎斑地鸫	*Zoothera aurea*	White's Thrush		P	三有		LC
88	灰背鸫	*Turdus hortulorum*	Grey-backed Thrush		P	三有		LC
89	黑胸鸫	*Turdus dissimilis*	Black-breasted Thrush	Or	R	三有		LC
90	乌灰鸫	*Turdus cardis*	Japanese Thrush	Or	S	三有		LC
91	乌鸫	*Turdus mandarinus*	Chinese Blackbird	Or	R	三有	√	LC
92	灰头鸫	*Turdus rubrocanus*	Chestnut Thrush	Pr	R	三有		LC
93	白眉鸫	*Turdus obscurus*	Eyebrowed Thrush		P	三有		LC
94	赤颈鸫	*Turdus ruficollis*	Red-throated Thrush		P	三有		LC
95	红尾斑鸫	*Turdus naumanni*	Naumann's Thrush		W	三有		LC
96	斑鸫	*Turdus eunomus*	Dusky Thrush		W	三有		LC

续表

序号	中文名	拉丁学名	英文名	区系成分	居留型	保护等级	中国特有种	IUCN濒危等级
97	宝兴歌鸫	*Turdus mupinensis*	Chinese Thrush	Pr	R	三有	√	LC
（三十五）鹟科 Muscicapidae								
98	棕腹大仙鹟	*Niltava davidi*	Fujian Niltava	Or	S	Ⅱ		LC
99	蓝歌鸲	*Larvivora cyane*	Siberian Blue Robin		P	三有		LC
100	红喉歌鸲	*Calliope calliope*	Siberian Rubythroat		P	Ⅱ		LC
101	红胁蓝尾鸲	*Tarsiger cyanurus*	Orange-flanked Bush-robin	Pr	R	三有		LC
102	紫啸鸫	*Myophonus caeruleus*	Blue Whistling Thrush	Or	S	三有		LC
103	白眉姬鹟	*Ficedula zanthopygia*	Yellow-rumped Flycatcher	Or	S	三有		LC
104	红喉姬鹟	*Ficedula albicilla*	Taiga Flycatcher		P	三有		LC
105	黑喉红尾鸲	*Phoenicurus hodgsoni*	Hodgson's Redstart	Pr	S	三有		LC
106	北红尾鸲	*Phoenicurus auroreus*	Daurian Redstart	Pr	R	三有		LC
107	红尾水鸲	*Phoenicurus fuliginosus*	Plumbeous Water Redstart	Gb	R	三有		LC
（三十六）太平鸟科 Bombycillidae								
108	小太平鸟	*Bombycilla japonica*	Japanese Waxwing		P	三有		NT
（三十七）雀科 Passeridae								
109	麻雀	*Passer montanus*	Eurasian Tree Sparrow	Gb	R	三有		LC

续表

序号	中文名	拉丁学名	英文名	区系成分	居留型	保护等级	中国特有种	IUCN濒危等级
（三十八）鹡鸰科 Motacillidae								
110	树鹨	*Anthus hodgsoni*	Olive-backed Pipit		P	三有		LC
111	田鹨	*Anthus richardi*	Richard's Pipit		W	三有		LC
112	布氏鹨	*Anthus godlewskii*	Blyth's Pipit		P	三有		LC
113	灰鹡鸰	*Motacilla cinerea*	Grey Wagtail	Gb	R	三有		LC
114	白鹡鸰	*Motacilla alba*	White Wagtail	Gb	R	三有		LC
（三十九）燕雀科 Fringillidae								
115	燕雀	*Fringilla montifringilla*	Brambling		P	三有		LC
116	锡嘴雀	*Coccothraustes coccothraustes*	Hawfinch		W	三有		LC
117	黑尾蜡嘴雀	*Eophona migratoria*	Chinese Grosbeak		P	三有		LC
118	黑头蜡嘴雀	*Eophona personata*	Japanese Grosbeak		P	三有		LC
119	黄雀	*Spinus spinus*	Eurasian Siskin		P	三有		LC
120	金翅雀	*Chloris sinica*	Oriental Greenfinch	Gb	R	三有		LC
（四十）鹀科 Emberizidae								
121	三道眉草鹀	*Emberiza cioides*	Meadow Bunting	Pr	R	三有		LC

续表

序号	中文名	拉丁学名	英文名	区系成分	居留型	保护等级	中国特有种	IUCN濒危等级
122	黄喉鹀	*Emberiza elegans*	Yellow-throated Bunting	Pr	R	三有		LC
123	小鹀	*Emberiza pusilla*	Little Bunting		W/P	三有		LC

注：

区系成分　Gb：广布种；Pr：古北种；Or：东洋种。

居留型　S：夏候鸟；W：冬候鸟；R：留鸟；P：旅鸟。

保护等级　三有动物是指有益的、有重要经济价值、有科学研究价值的野生动物。

IUCN 濒危等级　NT：近危；LC：低危。